干式空心电抗器
绝缘故障分析与
在线监测技术

国网宁夏电力有限公司电力科学研究院　组编

中国电力出版社
CHINA ELECTRIC POWER PRESS

内 容 提 要

干式空心电抗器是电力系统中重要的无功补偿设备，其稳定运行直接影响电力系统输送能量的质量。在干式空心电抗器运行过程中，由于负荷电流较大，产生的热应力是导致包封绝缘材料开裂的重要原因，进而发展为沿面放电故障。

本书采用理论分析及有限元计算、实验相结合的方法，研究分析了干式空心电抗器在运行下的电位分布、温度分布及应力分布规律；进行了复合材料多物理场仿真计算及模拟试验；提出了基于特征气体检测和光纤温度监测技术的干式空心电抗器绝缘故障在线监测原理。

本书为广大读者介绍了基于联合检测的干式空心电抗器绝缘故障综合诊断和状态评估系统，实现对干式空心电抗器的运行在线监测，为一线运检人员对干式空心电抗器的运行和维护提供了可靠帮助。

图书在版编目（CIP）数据

干式空心电抗器绝缘故障分析与在线监测技术 / 国网宁夏电力有限公司电力科学研究院组编 . -- 北京：中国电力出版社，2024. 12. -- ISBN 978-7-5198-9505-1

Ⅰ．TM470. 7

中国国家版本馆 CIP 数据核字第 2024NX7060 号

出版发行：中国电力出版社
地　　址：北京市东城区北京站西街 19 号（邮政编码 100005）
网　　址：http：//www.cepp.sgcc.com.cn
责任编辑：陈　丽
责任校对：黄　蓓　朱丽芳
装帧设计：郝晓燕
责任印制：石　雷

印　　刷：北京九天鸿程印刷有限责任公司
版　　次：2024 年 12 月第一版
印　　次：2024 年 12 月北京第一次印刷
开　　本：710 毫米 ×1000 毫米　16 开本
印　　张：8
字　　数：131 千字
定　　价：62.00 元

干式空心电抗器作为电力系统重要设备，对于交流系统无功补偿及滤除谐波，以及直流系统限制故障电流、平抑直流纹波、抑制换向失败均具有重要作用。然而由于制造企业生产条件或技术水平存在差异，导致产品质量参差不齐，且随着干式空心电抗器在电网中的装用量逐年增长及长期运行，实际运行中不断出现各类故障，如线圈受潮、局部放电、匝间绝缘击穿，甚至因局部过热引发烧毁事故等，严重威胁电网安全。从实际情况来看，传统的红外热像、紫外成像等带电检测技术无法有效识别电抗器内部缺陷，同时部分一线运检人员对干式空心电抗器结构原理、运维检修规律也尚未完全掌握，干式空心电抗器出现异常后不能准确分析故障原因，最终导致设备损毁、功率及经济损失。因此掌握各类电抗器结构及工作原理、运维试验方法，推广干式空心电抗器声学检测等新技术应用，将有助于提升运检人员技术能力，及时查明设备故障原因并采取措施，保证电网安全稳定运行。

本书对干式空心电抗器基本知识进行介绍，详细阐述了各类干式空心电抗器结构及工作原理、运检技术，介绍了基于可听声学的干式空心电抗器故障诊断方法，最后对大量典型案例进行分析，对故障发生的概况、现场检查、事故原因进行详细阐述及分析，以便吸取事故教训，减少故障发生。本书理论联系实际、实用性强，既可以帮助运行、检修人员更深入的理解电抗器设备工作原理，掌握干式空心电抗器故障诊断技术，了解互感器常见故障现象、故障原因及处理策略，提高故障处理效率，还可以为电力设计、施工人员提供一些提示和参考。

鉴于编写人员水平有限，书中难免存在疏漏与不妥之处，敬请广大读者批评指正。

作者
2024 年 10 月

目 录

1 干式电抗器结构及工作原理

1.1 干式电抗器分类及结构

电抗器的分类方法有很多，例如，按照产品的用途可以分为并联电抗器、串联电抗器等，按照结构形式可以分为铁芯电抗器、空心电抗器，按照绝缘介质可以分为油浸电抗器、干式电抗器，按照相数可以分为单相电抗器、三相电抗器等。本书以干式电抗器为对象，分别介绍干式铁芯电抗器和干式空心电抗器的相关内容。

1.1.1 干式铁芯电抗器

干式铁芯电抗器广泛应用于交流电路中，用于限制电流和改善电压稳定性。在电力系统中，铁芯电抗器通常用于电力传输和分配系统中的容性补偿，以帮助维持稳定的电压和频率。此外，铁芯电抗器还用于变频器和无功补偿器中，以提高电路的效率和稳定性。铁芯电抗器的结构和性能使其在电力系统中具有重要的应用价值。随着电力系统的发展和改进，铁芯电抗器的应用也将会得到进一步的扩展和优化。

铁芯电抗器的结构主要是由铁芯和线圈组成的。铁芯电抗器的铁芯由高导磁性材料制成，如硅钢片。铁芯的形状可以是圆柱形、长方形或其他形状。铁芯的横截面可以是矩形、圆形或其他形状。铁芯的截面积越大，电感就越大。铁芯电抗器的线圈由绝缘导线和绝缘材料制成。线圈可以是单层或多层的，绕制方式可以是平行绕制或螺旋绕制。线圈的匝数越多，电感就越大。

铁芯电抗器的电感是指电流通过铁芯电抗器时，产生的磁场对电流的阻碍能力。电感的大小与铁芯电抗器的铁芯和线圈的参数有关。铁芯电抗器的电阻是指电流通过铁芯电抗器时，产生的能量损耗。电阻的大小与铁芯电抗器的线圈的导线材质和截面积有关。

　　铁芯电抗器以闭合铁芯为磁路，绝缘结构和外壳结构与变压器相似，但内部结构不同。变压器的一次绕组和二次绕组铁芯磁路中没有气隙，而电抗器只有一个励磁线圈，铁轭通常为"E"或"一"字型，铁芯由若干铁芯饼和气隙材料间隔交错垒叠，然后在真空条件下使用树脂浇注成一整体。铁芯多选用0.3mm和0.27mm厚的优质冷轧硅钢片，线圈一般使用铜线绕制，树脂大多选用进口材料。图1-1分别为单相与三相铁芯电抗器的铁芯结构。铁芯电抗器磁路闭合，对周围设备的磁干扰较小，可以做成三相一体结构的设备，且由于铁芯电抗器的漏磁微小，无需预留漏磁污染距离，因此铁芯电抗器的占地面积大大小于空心电抗器，一般只有空心电抗器的1/5左右。干式铁芯电抗器采用空气和环氧树脂复合绝缘的形式，因具有体积小、安装方便、绝缘性能好、漏磁干扰小、安全可靠等优点，得到了广泛的应用。

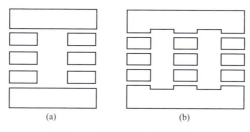

图1-1　铁芯电抗器铁芯结构

（a）单相电抗器铁芯；（b）三相电抗器铁芯

　　干式电抗器的铁芯是通过将铁芯柱分成若干个铁芯饼，在铁芯饼之间用非磁性材料隔开，形成间隙。铁芯饼为圆饼状结构，因为衍射磁通含有较大的横向分量，所以将在铁芯和线圈中引起极大的附加损耗，为了减小衍射磁通，需要将整体气隙用铁芯饼划分成若干小气隙，其高度为50～100mm。与铁轭相连的上下铁芯柱的高度应该大于铁芯饼的高度。铁芯饼的叠片方式根据磁通密度、磁通量以及生产工艺性综合考虑来确定，通常有平行阶梯状叠片、渐开线状叠片和辐射状叠片三种，如图1-2所示。平行阶梯状叠片的叠片方式与一般变压器相同，每片中间冲孔，用螺杆、压板夹紧成整体，适用于较小容量的电抗器；渐开线状叠片的叠片方式与渐开线变压器的叠片方式相同，中间形成一个内孔，外圆与内孔直径之比约为4∶1至5∶1，适用于中等容量的电抗器。辐射状叠片的叠片方式为硅钢片由中心孔向外辐射排列，适用于大容量电抗器，且因为硅钢片之间没有拉螺杆和压板加紧，所以必须要借助其他方式进行固定。

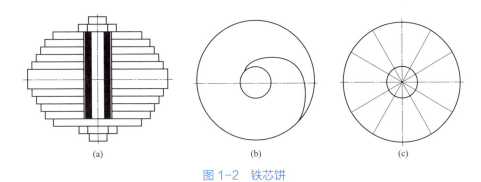

图 1-2　铁芯饼

（a）平行阶梯状叠片；（b）渐开线状叠片；（c）辐射状叠片

在平行阶梯状叠片铁芯中，由于气隙附近的边缘效应，使铁芯中向外扩散的磁通的一部分在进入相邻的铁芯饼叠片时，与硅钢片平面垂直，这样会引起很大的涡流损耗，可能形成严重的局部过热，故只有小容量电抗器才采用这种叠片方式。在辐射状铁芯中，其向外扩散的磁通在进入相邻的铁芯饼叠片时，与硅钢片平面平行，因而涡流损耗减少，故大容量电抗器采用这种叠片方式。铁芯式电抗器的铁轭结构与变压器相似，一般都是平行叠片，中小型电抗器经常将两端的铁芯柱与铁轭叠片交错地叠在一起，为压紧方便，铁轭截面总是做成矩形或丁字形。

饼间非磁性材料采用圆片状高硬度、不同厚度的平面固体材料。为保证铁芯在运行过程中不振动和错位，将视铁芯饼的大小和叠片形式采用环氧树脂粘贴、玻璃布带绑扎固定或环氧树脂高温固化整体刚性成形固定。

小容量产品铁芯采用阶梯状叠片方式，铁轭采用凸字形轭结构，铁芯和铁轭之间采用拉紧螺杆轴向拉紧，绕组采用圆筒式结构，如图 1-3（a）所示，出线方式有螺母出线和铜排出线两种，工作电流大时多采用铜排出线。

大容量产品铁芯饼采用辐射状或渐开线状叠片方式，铁轭采用一字形轭结构，由辅助拉杆或浸透树脂高温固化后的绝缘无纬带轴向拉紧，绕组采用多风道圆筒式结构。如图 1-3（b）所示，风道内外曲折连接以降低风道间电压。由于大容量产品一般电流较大，导线截面积及并绕根数较多，在设计时，应充分考虑产品的绝缘结构，使绕组内电场均匀分布，借以减少局部放电量。一般干式铁芯电抗器多采用这种铁芯饼。

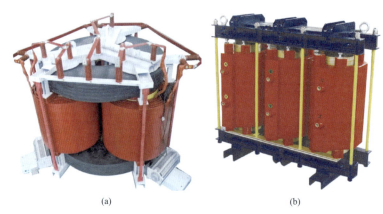

(a)　　　　　　　　　　　　　(b)

图 1-3　干式铁芯电抗器铁轭结构

（a）凸字形布置结构；（b）一字形布置结构

按铁芯结构的不同，又可将干式铁芯电抗器分为铁芯中带有非磁性间隙（即有间隙）和铁芯无间隙。

1.1.1.1　带间隙的铁芯电抗器

铁芯中带有非磁性间隙的铁芯电抗器有并联电抗器、串联电抗器、消弧线圈、起动电抗器及滤波电抗器等。基本构造是绕组由树脂与玻璃纤维复合固化绝缘材料浇注成形、以空气为复合绝缘介质、以含有非磁性间隙的铁芯和铁轭为磁通回路。干式铁芯电抗器的主要组成部分是铁饼和气隙、铁轭和绕组，结构示意图如图 1-4 所示。

1.1.1.2　无间隙的铁芯电抗器

铁芯采用同干式变压器铁芯一样的、无间隙的这一类干式铁芯电抗器，典型的有平衡电抗器，其外形结构如图 1-5 所示。可以明显看到其铁芯之间是紧密贴合在一起的，这与变压器的铁芯相似。平衡电抗器结构为单相式，连接在两个整流电路之间，其作用是使两组电压相位不同的换相组整流电路能够并联工作。由于其所接负载的电流值通常很大，因而一般采用铜箔绕制，每柱绕两绕组，一柱的内绕组与另一柱的外绕组串联，剩余两绕组串联。要求工作时，铁芯中直流磁势几乎没有，只有两组不同的换相组电压差产生的交流磁势。

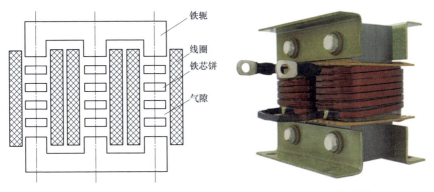

图 1-4　干式铁芯电抗器结构示意图　　　　图 1-5　平衡电抗器

干式铁芯电抗器的线圈通常采用饼式与圆筒式两大类，如图 1-6 所示。

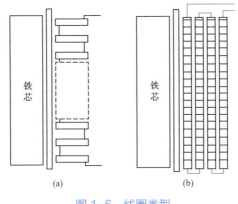

图 1-6　线圈类型

（a）饼式线圈；（b）圆筒式线圈

　　饼式线圈又称交叠式线圈，它是将高压绕组及低压绕组分成若干个线饼，沿着铁芯柱的高度交替排列着。为了便于绝缘，一般最上层和最下层安放低压线圈。交叠式线圈的主要优点是漏抗小、机械强度高、引线方便。这种绕组形式主要用在低电压、大电流的电抗器上。

　　圆筒式线圈是目前配电变压器高、低压绕组的主要结构形式。圆筒式线圈又可分为单圆筒式、双层（四层）圆筒式、多层圆筒式、分段圆筒式等。其共同的结构特点是线圈一般沿着其辐向有多层，每层内线匝沿着其轴向呈螺旋状前进。圆筒式线圈层间有油道作为绝缘，垂直布置的层间油道的冷却效果优于水平油道。同时，圆筒式线圈层间紧密接触，层间电容大，在冲击电压下，有良好的冲击分布，因此，多层圆筒式线圈可应用于高电压电抗器上。

1.1.2　干式空心电抗器

干式空心电抗器主要由结构件、支柱绝缘子和线圈三部分组成，采用无油且无铁芯的结构，以空气作为导磁介质，磁路磁阻大，电感值小且电感值为常数。不仅可以防止电抗器发生漏油，还可以避免磁路饱和现象。干式空心电抗器通常由数个圆筒式包封构成，包封间存在并联电气关系，且通过浸有环氧树脂的长玻璃丝进行包绕，包绕结束后，通过聚酯玻璃丝引拨样形成两个包封之间的散热气道。各个包封利用氩弧焊焊接在铝合金星形吊臂上，不仅起到固定包封的作用，还降低包封的涡流损耗，保证电抗器的机械可靠性和结构稳定性。此外，包封内部由并联的线圈组成，每层线圈经数根电磁铝线平行绕制而成。早期的空心电抗器多为水泥电抗器，因其绝缘耐热等级低、易开裂以及损耗大、占地面积大、安装使用不便等原因，逐渐被淘汰。随着树脂材料的广泛运用，现在的干式空心电抗器几乎全部是以高强度的玻璃纤维加环氧树脂为复合绝缘的结构，以提高电抗器的匝间绝缘性能。将绕制完毕的电抗器进行加热处理，形成一个牢固的整体。图 1-7 为干式空心电抗器基本结构图。

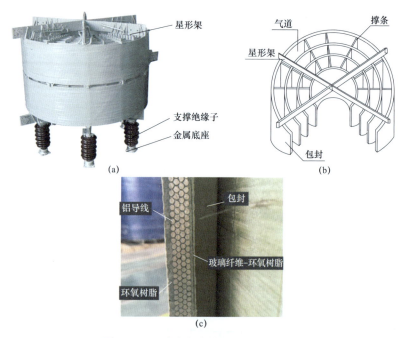

图 1-7　干式空心电抗器的基本结构图

（a）干式空心电抗器实物图；（b）干式空心电抗器基本结构示意图；（c）包封实物图

与其他类型的电抗器相比，干式空心电抗器因其结构简单、重量轻、免维护、抗冲击、阻燃、机械强度高、电抗值保持线性等优良特性，因此在输配网级别的电网中使用比例高达 70%。其结构特点如下：

（1）干式空心电抗器特有的无油结构，杜绝了油浸电抗器漏油、易燃等缺点，保证了运行安全；无铁芯，不存在磁路饱和，磁路磁阻大，电感值小且其线性度好。

（2）干式空心电抗器采用多层绕组并联的筒形结构，各包封聚酯引拨条形形成通风气道，便于空气对流形成自然冷却，散热性好，热点温度低。

（3）干式空心电抗器绕组一般采用性能良好的小截面电磁铝线多股平行绕制，可使涡流损耗和漏磁损耗明显减小。每根导线表面都用多层绝缘性能良好的聚酯薄膜进行半叠绕包，使之有很高的绝缘强度。

（4）干式空心电抗器绕组经过紧密绕制后固化、喷砂、喷器形成包封。包封与包封之间是相互并联的电气连接关系，组间电压极低，相应部位几乎等电位，电场分布非常理想。

（5）绕组外部用浸渍环氧树脂的玻璃纤维缠绕包封，并经高温固化，端部用高强度铝合金星形架夹持，整体玻璃纤维带拉紧等结构，通过干燥浸胶工艺固化成型，使之成为一个坚固的复合体。因此，空心电抗器的机械强度极高，其耐受短时电流的冲击能力强，满足产品动、热稳定的要求。

（6）干式空心电抗器多为单相，经组合而成三相电抗器组。当前大量使用的三相空心电抗器按其安装位置可以分为垂直排列、水平排列和两相重叠一相并列排列。不同的排列方式其互感也不同，因此对绕组的绕向和匝数的要求也不同。图 1-8 为干式空心电抗器三相排列方式。

根据用途不同，空心电抗器的类型各不相同，具体情况如表 1-1 所示。

然而，由于干式空心电抗器通常安装在户外，不可避免地会受到大气条件的影响。在高温、潮湿的环境下，电抗器匝间绝缘性能恶化程度与时间成正比，匝间绝缘性能会逐渐劣化、变脆、受潮，形成导电通道引发线匝短路。为了提升干式空心电抗器的耐气候老化性能，降低自然环境中污秽、雨水、紫外辐射等气候因素对电抗器的绝缘性能影响，干式空心电抗器后期设计逐渐增加防雨罩、包封保护层等组件来延缓气候老化。包封表面、防雨罩表面都涂有抗紫外线防老化的特殊防护层，其附着力强，能耐受户外恶劣的气候条件。安装防雨罩的干式空心电抗器实物图如图 1-9 所示。

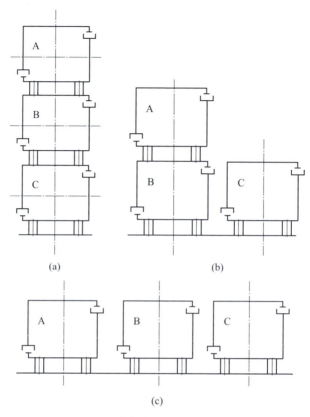

图 1-8 干式空心电抗器三相排列方式

（a）垂直排列；（b）两相重叠一相并列；（c）水平排列

表 1-1 常见空心电抗器分类

电抗器分类	用途
串联电抗器	串联在电容器回路中，能有效抑制电容器电路在投入运行时的合闸涌流，起保护电容器的作用，能与电容器一起组成 LC 回路，消除回路中的有害谐波
并联电抗器	并联在电力系统中，通过补偿系统中的分布电容电流，降低高压长线末端空载时的电压。保护线路可靠运行
限流电抗器	限制电力设备的短路电流，并在短路状态时维持母线电压与一定水平，保证线路可靠运行
中性点接地电抗器	即消弧线圈，变压器中性点经消弧线圈接地，以补偿三相输电系统中一相对地故障产生的容性电流，有利于消弧

电抗器分类	用途
滤波电抗器	与并联电容器串联，形成串联谐振电路，为某次谐波提供低阻抗通道，消除有害谐波，一般用于3～17次的谐振滤波或更高次的高通滤波
分裂电抗器	一种中间带抽头的特殊的限流电抗器，正常情况下提供低阻抗，出现故障时则提供一个较大阻抗。通常串联在电力系统中用于限制故障电流和用在多反馈电路中控制电流以平衡负载
线路平衡电抗器	与感应炉、电容器共同组成三相电源的平衡负载用来控制并联电路中的电流
平波电抗器	用于高压直流输电系统，用于抑制输出的直流电压中有害的谐波。改善输出的直流电流
起动电抗器	用于降低大型交流电动机启动时的电流

图1-9 安装防雨罩的干式空心电抗器

干式空心电抗器多筒结构为鸟类筑巢提供了便利，特别是顶部配有防雨装置的电抗器；防雨罩在保护电抗器免受雨水侵蚀的同时也为鸟巢遮风挡雨提供便利，成为鸟类筑巢的理想场所。鸟类在干式空心电抗器上活动，会损坏电抗器的绝缘性能，对电抗器的安全运行造成严重威胁。只有杜绝鸟类的进入，才能从根本上杜绝鸟害。图1-10为安装防鸟装置的电抗器。

图 1-10　安装防鸟栏的干式空心电抗器

此外，由于干式空心电抗器线圈由一个或多个包封层组成，采用电工铝导线绕制，环氧树脂浸渍玻璃丝包绕形成包封，当交流电通过绕组时，会在绕组内部及外部产生交变磁场，磁场反过来作用于载流的线圈绕组，对绕组产生磁场力，因交变电流随时间变化，磁场的大小和方向随之变化，因此绕组受到的磁场力发生变化引起绕组振动，振动产生的位移通过绕组之间的撑条传递，形成振动模态，进而产生噪声。这些噪声对环境产生巨大的影响，有些甚至影响到换流站周围居民的正常生活。为了抑制干式空心电抗器的噪声水平，满足环境保护要求，干式空心电抗器采用装配隔声罩、消声器等组件来抑制电抗器的可听噪声水平。

1.2　干式电抗器工作原理

1.2.1　干式铁芯电抗器工作原理

1.2.1.1　等效电路模型

如图 1-11 所示，铁芯电抗器可以等效为含铁芯的非线性电感 L，对于线性电感，其电感 L 为定值，即静态电感，其定义为

$$L = \frac{\varphi}{i} \tag{1-1}$$

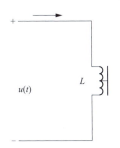

图 1-11 铁芯电抗器的等效电路模型

对于非线性电感，其电感 L 为变化的，即动态电感 L_d，其定义为

$$L_d = \frac{d\varphi}{di} \tag{1-2}$$

含有铁芯的非线性电感元件，因其铁芯由铁磁材料制成，铁磁材料具有磁滞特性，即含铁芯的非线性电感元件的 $\psi\text{-}i$ 曲线具有回线形状，下面的磁滞回线模型便是用来描述这种特性的模型。

1.2.1.2　铁芯电抗器的限流补偿功能

磁饱和可控电抗器是饱和铁芯型故障限流器最核心的组成部分，其原理利用铁磁材料的磁饱和特性，通过外加偏置电流励磁来改变电抗器的感抗大小，进而可以达到故障限流或无功补偿等效果。

饱和铁芯型故障限流器原理简化图如图 1-12 所示。

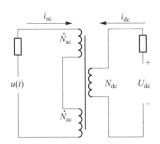

图 1-12　饱和铁芯型故障限流器原理简化图

饱和铁芯型故障限流器的工作原理是借助于铁芯的磁饱和现象（通过偏置直流的作用来改变铁芯的状态和磁化特性，从而改变限流绕组的电抗值大小）来实现限流的。

在非铁磁材料中，磁通密度 B 和磁场强度呈正比关系，但铁磁材料的磁感应强度 B 和磁场强度 H 之间则是呈非线性关系，当磁场强度逐渐增大时，

磁感应强度 B 将随之增大，曲线 $B=f(H)$ 就称为初始磁化曲线，如图 1-13 所示，初始磁化曲线可以按照其磁化特性分为四部分：开始磁化时，铁磁材料中大部分磁畴随机呈无规律排列，其磁效应互相抵消，对外部不呈现磁特性，此时磁通密度增加得较慢，如初始磁化曲线 OA 段所示；随着外部磁场的增大，铁磁材料中的大部分磁畴开始改变方向，其方向趋同于外磁场，此时的磁感应强度 B 将快速增加，如初始磁化曲线 AB 段所示；在大部分磁畴转向完成后，可转向的磁畴已经不多，B 值增长曲线也呈现平缓的态势，如 BC 段所示，该特性称之为饱和；饱和以后，磁化曲线与非铁磁材料的 $B=\mu H$ 特性几乎为相互平行的直线，如 CD 段所示。

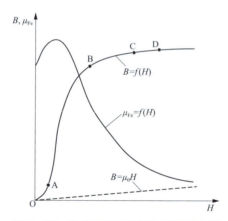

图 1-13 铁芯的磁化曲线和磁导率曲线

铁芯的绕组是由 N 匝导线构成的线圈，其磁链为

$$\psi=N\Phi \tag{1-3}$$

结合磁路的欧姆定律可得

$$\psi=N\Phi=\frac{N(Ni)}{R_{\mathrm{m}}}=L_i \tag{1-4}$$

代入交流回路的电压方程得

$$U=2\frac{\mu_0 SN_{\mathrm{ac}}^2}{l}\frac{\mathrm{d}i_{\mathrm{ac}}}{\mathrm{d}t}+(R+R_L)i_{\mathrm{ac}}+L\frac{i_{\mathrm{ac}}}{\mathrm{d}t} \tag{1-5}$$

式中：N_{ac} 为交流回路的导线匝数；i_{ac} 为交流电流。

所以稳态运行时，限流器的阻抗为

$$X_0=4\pi f\frac{\mu_0 SN_{\mathrm{ac}}^2}{l} \tag{1-6}$$

当发生系统故障时，假设此时限流器铁芯 A 仍维持在饱和状态，铁芯 B 已经退饱和，磁导率增大，设为 μ_1 则 $\mu_A = \mu_1$，$\mu_B = \mu_0$，此时交流回路的电压方程为

$$U = \frac{\mu_1 S N_{ac}^2}{l} \frac{\mathrm{d}t_{ac}}{\mathrm{d}t} + \frac{\mu_0 S N_{ac}^2}{l} \frac{\mathrm{d}t_{ac}}{\mathrm{d}t} + (R + R_L) i_{ac} + L \frac{i_{ac}}{\mathrm{d}t} \qquad (1-7)$$

此时限流器电抗为

$$X_1 = 2\pi f \left(\frac{\mu_0 S N_{ac}^2}{l} + \frac{\mu_1 S N_{ac}^2}{l} \right) \qquad (1-8)$$

结合式（1-8）及 B-H 初始磁化曲线可以清楚地理解饱和铁芯型电抗器的工作特性，被动铁芯型限流电抗器的动态磁化曲线如图 1-14 所示，系统稳态运行时，偏置电流作用于限流器时，线路交流和偏置电源直流叠加作用于铁芯，铁芯工作在饱和区，铁芯磁场强度 H 较大而磁导率 μ 较小，从而使得饱和铁芯故障限流器对外呈现小电抗，几乎不会影响电网的正常运行。当系统发生短路故障时，在短路电流正半周周期时一个交流单绕组侧较大的短路电流产生的磁通与偏置直流产生的磁通相互抵消，使得单侧铁芯退出饱和状态，另一侧的铁芯由于交直流叠加作用，仍处于饱和状态，此时的限流器单侧交流绕组呈现大阻抗状态，对短路电流进行限制，在短路电流负半周周期时另一侧交流单绕组侧较大的短路电流产生的磁通与偏置直流产生的磁通相互抵消，两侧铁芯在正负半波内交替退饱和，完成对短路的电流的限制，但是在限流阶段，如果交流感应电势过大，则与直流磁通处于相互抵消状态的交流绕组会出现铁芯退饱和后进入反向饱和，限流电抗反而减小进而失去限流作用。

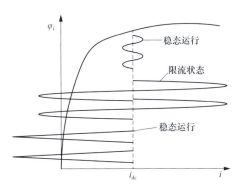

图 1-14　被动铁芯限流电抗器工作磁化曲线

i_{dc}—短路电流

13

在偏执电流回路中串接切除直流电源开关时，该种限流方式被称为主动式限流。当开关检测到短路故障时将切除直流电源，饱和铁芯的两侧均处于退饱和的状态且对外呈现大阻抗，相比于被动式铁芯型限流电抗器的半波内交替限流，主动式限流的方式将限流阻抗的大小提升了几乎一倍，在达到相同限流效果的情况下的同时可以减小限流器的体积，是一种更为有效的限流方式。加入了直流电源切除开关的铁芯型限流电抗器的阻抗为

$$X_2 = 2\pi f \frac{\mu_1 S N_{ac}^2}{l} \qquad (1-9)$$

主动限流器限流状态的动态磁化曲线如图 1-15 所示，系统稳态运行时，偏置电流作用于限流器时，此时限流器工作状态与被动式饱和铁芯限流电抗器相同，线路交流和偏置电源直流叠加作用于铁芯，铁芯工作在饱和区，铁芯磁场强度 H 较大而磁导率 μ 较小，从而使得饱和铁芯型限流电抗器对外呈现小电阻，几乎不会影响电网的正常运行。当检测到短路故障出现时，立刻切除偏置直流回路的电源，此时只有短路交流作用于铁芯，铁芯两侧均处于退饱和的状态，铁芯磁场强度 H 相较于稳态时较小而磁导率较大，相当于在线路中串接了一个大感抗，从而对故障电流进行了有效的限制。

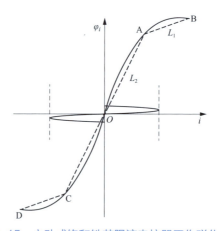

图 1-15 主动式饱和铁芯限流电抗器工作磁化曲线

1.2.1.3 铁芯电抗器的滤波功能

在高压配电系统中，铁芯电抗器可以与电容器串联或者并联用来限制电网中的高次谐波。

（1）串联电抗器。电抗器一般串联在高压电力电容器或电容器组回路中，

其主要作用是抑制高次谐波，减少网络电压波形的畸变，限制电容器在分相切投时的涌流。防止谐波对电容器造成危害，避免电容器装置的接入对电网谐波的过度放大和谐振发生。

铁芯电抗器与电容器串联，组成 LC 电路，设置阻抗：使 LC 电路呈高阻抗时，起抑制谐波电流的作用，有效保护补偿系统。LC 电路呈低阻抗时，起滤波作用，有效净化电网污染。220、110、35、10kV 电网中的电抗器是用来吸收电缆线路的充电容性无功的。可以通过调整串联电抗器的数量来调整运行电压。

根据 GB 50227《并联电容器装置设计规范》要求，应将涌流限制在电容器额定电流的 10 倍以下，为了不发生谐波放大（谐波牵引），要求串联电抗器的伏安特性尽量为线性。网络谐波较小时，采用限制涌流的电抗器；电抗率为 0.1%～1%，即将涌流限制在额定电流的 10 倍以下，以减少电抗器的有功损耗，而且电抗器的体积小、占地面积小、便于安装在电容器柜内。

当电抗器阻抗与电容器容抗全调谐后，组成某次谐波的交流滤波器。滤去某次高次谐波，而降低母线上该次谐波的电压值，使线路上不存在高次谐波电流，提高电网的电压质量。

滤波电抗器的调谐度 A 可表示为

$$A = \frac{X_L}{X_C} = \frac{\omega L}{X_C} = \frac{1}{n^2 X_C^2} \tag{1-10}$$

式中：X_L 为电抗值，Ω；X_C 为容抗值，Ω；n 为谐波次数；L 为电感值；ω 取 314。

按上述调谐度配置电抗器，可以对各次谐波进行滤除。

（2）并联电抗器。一般接在超高压输电线的末端和地之间，发电机满负载试验用的电抗器是并联电抗器的雏形。由于铁芯式电抗器分段铁芯饼之间存在着交变磁场的吸引力，因此噪声一般要比同容量变压器高出 10dB 左右。

220、110、35、10kV 电网中的电抗器是用来吸收电缆线路的充电容性无功的。可以通过调整并联电抗器的数量来调整运行电压。

1.2.2 干式空心电抗器工作原理

1.2.2.1 正常运行简化等效模型

由电抗器的基本概述可知，电抗器由若干同心同轴并联圆筒式线圈组成，其模型可简化为由等值电容、等效电阻以及等值电感组成的电路。由于在工频运行情况下，容抗远大于感抗，所以此时等值电容相当于开路。因此，在正常运行并且忽略涡流损耗与线圈去磁效应时，干式空心电抗器的简化等效电路为等效电阻和等值电感组成的电路模型，如图 1-16 所示。

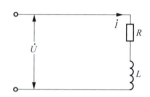

图 1-16 干式空心电抗器简化等效电路

由上述分析可知，对于多支路（如 n 条支路）并联组成的干式空心电抗器简化等效模型如图 1-17 所示。

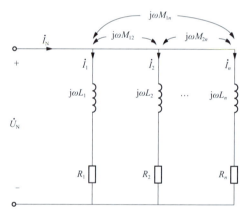

图 1-17 干式空心电抗器的电路模型

ω—电源角频率；$\dot{U}_{\mathrm{N}}$—电压额定；$\dot{I}_{\mathrm{N}}$—额定电流；R_n—第 n 层支路的等值电阻；

L_n—第 n 层支路的等值电感；M_{ij}—第 i 层与第 j 层之间的互感

根据图 1-17 的等效电路模型可得电压方程，即

$$\begin{cases} j\omega L_1\dot{I}_1+j\omega M_{12}\dot{I}_2+j\omega M_{13}\dot{I}_3+\cdots+j\omega M_{1n}\dot{I}_n+R_1\dot{I}_1=\dot{U} \\ j\omega M_{21}\dot{I}_1+j\omega L_2\dot{I}_2+j\omega M_{23}\dot{I}_3+\cdots+j\omega M_{2n}\dot{I}_n+R_2\dot{I}_2=\dot{U} \\ \cdots \quad\quad \cdots \quad\quad \cdots \quad\quad \cdots \quad\quad \cdots \quad\quad \cdots \\ j\omega M_{n1}\dot{I}_1+j\omega M_{n2}\dot{I}_2+j\omega M_{n3}\dot{I}_3+\cdots+j\omega L_n\dot{I}_n+R_n\dot{I}_n=\dot{U} \end{cases} \quad (1-11)$$

$$\sum_{i=1}^{n} \dot{I}_i = \dot{I}_N \tag{1-12}$$

将其改写成矩阵的形式，即

$$\begin{bmatrix} R_1+\mathrm{j}\omega L_1 & \mathrm{j}\omega M_{1,2} & \cdots & \mathrm{j}\omega M_{1,j} & \cdots & \mathrm{j}\omega M_{1,n} \\ \mathrm{j}\omega M_{2,1} & R_2+\mathrm{j}\omega L_2 & \cdots & \mathrm{j}\omega M_{2,j} & \cdots & \mathrm{j}\omega M_{2,n} \\ \vdots & \vdots & \ddots & \vdots & \ddots & \vdots \\ \mathrm{j}\omega M_{i,1} & \mathrm{j}\omega M_{i,2} & \cdots & \mathrm{j}\omega M_{i,j} & \cdots & \mathrm{j}\omega M_{i,n} \\ \vdots & \vdots & \ddots & \vdots & \ddots & \vdots \\ \mathrm{j}\omega M_{n,1} & \mathrm{j}\omega M_{n,2} & \cdots & \mathrm{j}\omega M_{n,j} & \cdots & R_n+\mathrm{j}\omega L_n \end{bmatrix} \begin{bmatrix} \dot{I}_1 \\ \dot{I}_2 \\ \vdots \\ \dot{I}_i \\ \vdots \\ \dot{I}_n \end{bmatrix} = \begin{bmatrix} \dot{U} \\ \dot{U} \\ \vdots \\ \dot{U} \\ \vdots \\ \dot{U} \end{bmatrix}$$

$$\tag{1-13}$$

其中，$U=\begin{bmatrix} u_1, u_2, \cdots, u_n \end{bmatrix}^{\mathrm{T}}$，$I=\begin{bmatrix} i_1, i_2, \cdots, i_n \end{bmatrix}^{\mathrm{T}}$，且 $u_1=u_2=\cdots=u$。

由式（1-13）可知，在已知电阻 R、自感 L、互感 M、电压 $\dot{U}$ 时，可求得各层绕组的电流 $\dot{I}$。特殊的，由于 $M_{ij}=M_{ji}$，当 $i=j$ 时，有 $M_{ii}=L_i$，因此对于任何一个支路来说，其等值互感均可表示为

$$M_i = \frac{\sum_{j=1}^{n} M_{ij}\dot{I}_j - M_{ii}\dot{I}_i}{\dot{I}_n - \dot{I}_i} \tag{1-14}$$

考虑电抗器感抗远大于电阻，根据支路电流的相位相等，可得无相位公式，即

$$\begin{cases} M_{11}I_1 + M_{12}I_2 + \cdots + M_{1n}I_n = \dfrac{U}{\omega} \\ M_{21}I_1 + M_{22}I_2 + \cdots + M_{2n}I_n = \dfrac{U}{\omega} \\ \cdots \\ M_{n1}I_1 + M_{n2}I_2 + \cdots + M_{nn}I_n = \dfrac{U}{\omega} \end{cases} \tag{1-15}$$

1.2.2.2 匝间短路简化等效模型

假设 n 层并联线圈的第 m 层绕组发生匝间短路故障，造成 m 层绕组中相邻两匝导线发生短路连接，还没完全烧断绕组之前，其等值电路如图 1-18 所示。较正常情况的等效电路而言，第 m 层绕组被短路环分为上下串联的两段绕组，该短路环是由发生短路的相邻两匝导线形成的，可与各并联支路产生互感作用，在电路上等值是由电阻和电感组成。其中，R_n+1 表示短路环支路的电阻，L_n+1 表示短路环支路的自感，I_n+1 表示短路环支路的电流，$M_{i,\,n+1}$ 表示

第 i 层支路和短路环支路的互感。

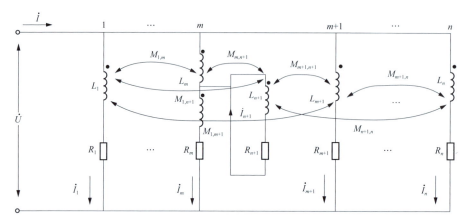

图 1-18　干式空心电抗器匝间短路等效电路

由图 1-18 可知，第 m 层绕组上的电压为 U，短路环上电压等于零。根据磁感应原理可得，虽然短路环上电压为零，但与各并联支路产生互感作用，短路环内感应出电流。因此，电压方程组将增加一个短路环支路，得到匝间短路后的电压方程组为

$$
\begin{bmatrix}
R_1+j\omega L_1 & j\omega M_{1,2} & \cdots & j\omega M_{1,j} & \cdots & j\omega M_{1,n} & j\omega M_{1,n+1} \\
j\omega M_{2,1} & R_2+j\omega L_2 & \cdots & j\omega M_{2,j} & \cdots & j\omega M_{2,n} & j\omega M_{2,n+1} \\
\vdots & \vdots & \ddots & \vdots & \ddots & \vdots & \vdots \\
j\omega M_{i,1} & j\omega M_{i,2} & \cdots & j\omega M_{i,j} & \cdots & j\omega M_{i,n} & j\omega M_{i,n+1} \\
\vdots & \vdots & \ddots & \vdots & \ddots & \vdots & \vdots \\
j\omega M_{n,1} & j\omega M_{n,2} & \cdots & j\omega M_{n,j} & \cdots & R_n+j\omega L_n & j\omega M_{n,n+1} \\
j\omega M_{n+1,1} & j\omega M_{n+1,2} & \cdots & j\omega M_{n+1,j} & \cdots & j\omega M_{n+1,n} & R_{n+1}+j\omega L_{n+1}
\end{bmatrix}
\begin{bmatrix}
I_1 \\ I_2 \\ \vdots \\ I_i \\ \vdots \\ I_n \\ I_{n+1}
\end{bmatrix}
=
\begin{bmatrix}
U \\ U \\ \vdots \\ U \\ \vdots \\ U \\ 0
\end{bmatrix}
$$

$$\text{（1-16）}$$

根据式（1-16），结合干式空心电抗器正常运行情况下的计算原理，同理可得匝间短路故障时的功角。

1.2.2.3　电阻计算

铝导线绕制成的空心电抗器绕组，电阻值的大小与环境温度、材料材质、几何尺寸有关。对匝数为 n_j 的电抗器，第 j 层线圈的导体直流电阻 R_j 计算式为

$$\begin{cases} R_j = \dfrac{\rho(2\pi r_j + h_j)}{S_j} \\[2mm] \rho = \rho_0(\alpha T + 1) \\[2mm] S_j = \pi\left(\dfrac{d_j}{2}\right)^2 \end{cases} \qquad (1\text{-}17)$$

式中：ρ 为导线电阻率；ρ_0 为 0℃时导体的电阻率；r_j 为第 j 层绕组半径；h_j 为第 j 层绕组高度；T 为电抗器的工作环境温度；α 为该导体金属材料的温度系数；d_j 为导线的直径。

线圈绕组沿轴向依次缠绕，轴向节距长度随绕组缠绕匝数依次成比例增加，电抗器第 j 层绕组的高度由第 j 层绕组 n_j 增加的长度之和得来，故第 j 层绕组长度为（$2\pi r_j + h_j$），考虑到导线长度远远大于绕组高度 h_j，于是

$$R_j = \frac{\rho(2\pi r_j n_j + h_j)}{S_j} \qquad (1\text{-}18)$$

1.2.2.4　电感计算

干式空心电抗器的结构特征是同轴、层式，并且电抗器绕组的轴向高度远大于辐向宽度，所以可将其表征为多层薄壁螺线管，以螺线管模型计算其同轴线圈的电感值。图 1-19 为一个同轴的薄壁螺线管的电感计算模型。

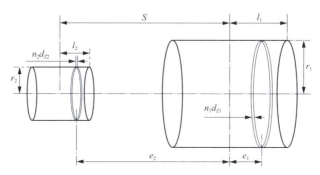

图 1-19　同轴薄壁螺线管的电感计算模型

r_1—线圈 1 的半径；r_2—线圈 2 的半径；n_1—单位长度的线圈 1 的匝数；n_2—单位长度的线圈 2 的匝数；S—线圈 1 和线圈 2 的中心距；l_1 和 l_2—线圈 1 和线圈 2 的 1/2 轴向高度

分别在两个线圈上取高度为 d_{z1} 和 d_{z2} 两个圆环，由聂耳曼互感计算公式可得到关于薄壁螺线管的互感计算式，即

$$M_{12}=2\pi u_0(r_1 r_2)^{\frac{3}{2}} n_1 n_2 \left[f(r_1, r_2, z_1) - f(r_1, r_2, z_2) + f(r_1, r_2, z_3) - f(r_1, r_2, z_4) \right]$$

$$f(r_1, r_2, z) = \frac{\sqrt{r_1, r_2}}{2\pi} \int_0^\pi \frac{\sqrt{r_1^2, r_2^2 - 2r_1 r_2 \cos\theta + z_2}}{r_1^2 + r_2^2 - 2r_1 r_2 \cos\theta} \sin^2\theta \mathrm{d}\theta$$

$$z_1 = l_1 + l_2 + S$$

$$z_2 = l_1 - l_2 + S$$

$$z_3 = -l_1 - l_2 + S$$

$$z_4 = -l_1 + l_2 + S$$

（1-19）

由式（1-19）可见，$f(r_1, r_2, z)$ 只与两个线圈的尺寸大小以及彼此的位置相关，而与两个线圈的匝数无关。在确定了两个平行螺线管线圈的结构尺寸和线圈之间的相对位置后，则 $f(r_1, r_2, z)$ 是常数。这时，两个线圈之间的互感仅取决于这个线圈的匝数，即互感是由两个线圈的匝数决定的。当 $l_1 = l_2$，$S = 0$ 时，上述互感公式计算得到的为自感结果。

1.3 干式铁芯电抗器与干式空心电抗器性能比较

干式铁芯电抗器与干式空心电抗器是两种不同类型的电抗器，由于两者具备不同的结构，因此在性能方面两者存在着较大差异，主要体现在以下几点。

1.3.1 损耗

干式铁芯电抗器的损耗主要包括线损（线圈损耗）和铁损（铁芯损耗），铁损又分为磁滞损耗和涡流损耗。而干式空心电抗器的损耗主要包括线损和涡流损耗，由于没有铁芯，因此不存在铁损，线损与电流的平方成正比，而涡流损耗与导线尺寸、频率和结构尺寸有关。

按照不同标准，相同容量的常规铁芯与空心串联电抗器的损耗比值分别为 1∶2 和 1∶3。JB/T 5346《高压并联电容器用串联电抗器》规定 75℃ 时损耗值见表 1-2（允许偏差 +15%），由表 1-2 可以看出铁芯串联电抗器远比空心节能（因其导磁、导电效率高及磁路漏磁少，故而电阻、涡流、杂散损耗及附加的外部环境涡流损耗均小得多）。

表 1–2　　　　　　　　两种标准规定的常用三相串联电抗器的允许损耗

电抗器容量（kVA）		216	300	480	600	960
JB/T 5346	铁芯（W）	2479	3172	4512	4849	6899
	空心（W）	7044	9012	12812	15157	21563
DL 462	铁芯（W）	2592	3600	4800	4800	5760
	空心（W）	5184	7200	9600	9600	11520

1.3.2　电磁干扰

由于铁芯的存在，使铁芯电抗器绝大多数磁力线在铁芯内部形成闭合回路，除在绕组高度内的调感气隙处有少量漏磁外，其他部位的空间漏磁一般不会对周围产生电磁干扰。空心电抗器磁力线经周围空气形成闭合回路，磁场发散严重，对周围有较强的电磁干扰，需远离居民区、高层建筑，特别是电子产品使用较多的控制中心。

由于干式铁芯电抗器具有磁路闭合，漏磁较小的特点，因此只要满足电气绝缘和散热所需的距离即可，一般不必考虑漏磁对安装环境的影响，无需预留漏磁污染距离，可以制成三相一体的结构。干式空心电抗器每相一台，每组三台。其相间距不得小于 1.7 倍直径距离，每相周围还应保持不小于 1.5 倍直径距离的空间，以防止漏磁污染。以 10kV、300kvar 的铁芯、空心串联电抗器安装占地面积为例作比较，空心电抗器（CKSCKL–300/10–6）三相水平安装时的占地面积（16.1m^2）为铁芯电抗器（CKSC–300/10–6）占地面积（2.1m^2）的7.6 倍，空心电抗器三相叠装时占地面积（7.0m^2）也为铁芯电抗器的 3.3 倍。可见铁芯电抗器比空心电抗器节约用地。

1.3.3　振动噪声

干式铁芯电抗器的振动主要来源于铁芯磁致伸缩导致的振动噪声问题。铁芯磁致伸缩是指铁芯硅钢片在励磁时，沿着磁力线方向的尺寸会增加，而垂直于磁力线方向硅钢片的尺寸会缩小，这种尺寸变化导致电抗器铁芯周期性的振动。此外，铁芯电抗器在运行中会受到螺杆与夹件施加的静态压紧力作用，也会受到动态的磁致伸缩力与麦克斯韦力共同作用，这些动力均会对硅钢片磁特性产生影响，从而进一步影响电抗器铁芯电磁振动噪声特性。干式空心电抗器振动主要由于流经电抗器绕组的电流与磁场相互作用造成绕组振动，进而辐射出噪声。铁芯电抗器硅钢片磁致伸缩引起铁芯电抗器的铁芯振动，铁饼之间、铁饼与上下铁轭之间电磁吸力周期变化产生的振动较大，再加上结构复杂，使铁芯产品的噪声控制比空心产品的噪声控制难度大。

1.3.4 电抗值

干式铁芯电抗器的电抗值受其铁芯特性的影响，由于铁芯的存在，干式铁芯电抗器的电抗值相对较高，其在 1.3 倍额定电流下的电抗值应不低于其额定值在 1.8 倍额定电流下其电抗值下降应不超过 5%。但由于磁滞饱和现象，铁芯电抗器的电抗值具有一定的非线性，为了改善电感的线性度，干式铁芯电抗器一般采用带气隙铁芯。

干式空心电抗器没有铁芯，因此不存在铁磁饱和的问题，电感值的线性度较好。在所允许的过电流下电抗值应等于其额定电流下的电抗值。干式空心电抗器的电抗值不会因为大电流引起的铁芯饱和而降低，因此在过电流情况下能保持较为稳定的电抗值。

1.3.5 可靠性

铁芯电抗器运行故障率低，主要由于其绕组、铁芯均为真空浇注，质量容易保证。其故障多为运行中振动所引起紧固件松动、噪声偏大，一般再次拧紧即可，绕组烧毁事故极少。

空心电抗器运行故障率较铁芯产品高得多，特别是户外运行的产品。其故障多为绕组匝间短路，主要原因是局部磁场较强导致局部温升过高、绝缘老化损坏击穿、局部放电电弧烧毁、绕组被雨淋时包封表面爬电、过电压等。

如果铁芯电抗器出现故障，可以分解检修，只需更换损坏的部件，维修成本低。而空心电抗器的故障多出现在绕组包封内部，通常无法修复，只能整体报废。根据行业内 2014–2024 年的数据统计，铁芯电抗器的故障率只有空心电抗器的 12.7%，具有较高的可靠性。

2 干式空心电抗器绝缘故障机制

干式空心电抗器绝缘分为内绝缘和外绝缘。内绝缘体现为绕组导线的匝间绝缘和各包封层之间层间绝缘，匝间绝缘主要由导线薄膜构成，绝缘性能也由薄膜材料的绝缘性能决定。实际工程中常用的薄膜材料有聚酯和聚酰亚胺两种，其中聚酯薄膜为公认的 B 级绝缘，聚酰亚胺薄膜为公认的 H 级绝缘。层间绝缘由绕组导线薄膜和浸有环氧树脂的玻璃纤维组成的复合绝缘构成，这种复合绝缘体系在实际工程中公认为 F 级绝缘。外绝缘体现为电抗器上、下端子之间的绝缘和下端子对地面的绝缘（实际工程中常称之为端对端绝缘水平和端对地绝缘水平）。端对端绝缘水平主要考核干式空心电抗器本体绝缘水平，分为端对端雷电冲击耐受电压水平和端对端操作冲击耐受电压水平两项考核指标；端对地绝缘水平主要考核支柱绝缘子绝缘水平，分为端对地雷电冲击耐受电压水平、端对地操作冲击耐受电压水平、端对地工频耐受电压水平（或端对地直流耐受电压水平）三项考核指标。以上考核指标均由电力系统计算提出性能要求值，电抗器制造厂家根据要求进行设计及生产制造。

2.1 高次谐波下干式空心电抗器绕组的电位梯度分布

干式空心电抗器主要用于整流以后的直流回路中，通过抑制整流以后的直流电压中的纹波，使输出的直流接近于理想直流。通过同一包封内多匝线圈和多个包封的方法，实现干式空心电抗器在串联工况下满足大电流通流的要求。

2.1.1 干式空心电抗器绕组的高次谐波分析

以某 $\pm 660kV$，直流输电工程为例，基于 Matlab/Simulink 搭建该直流输电工程 12 脉冲整流电路，通过 simulink 中的傅里叶分析模块分析换流阀产生的谐波电流特征，即流经干式空心电抗器内部的谐波电流特征。整流电路仿真模型如图 2-1 所示。

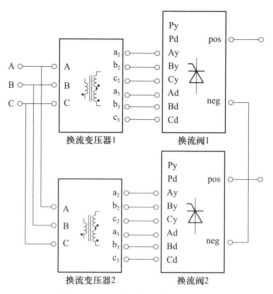

图 2-1　12 脉冲整流仿真模型

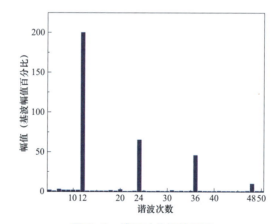

图 2-2　傅里叶分析结果图

由图 2-2 可知，经过换流阀后的电流主要是直流电流，其中还包含少量的谐波成分，这些谐波成分中偶次谐波含量较多，且谐波中 12 次、24 次、36 次和 48 次谐波的含量较多。与直流电压相比较，这些高次谐波的幅值都很小，但由于其高频率和陡坡度会对干式空心电抗器的电场分布产生影响。

非正弦周期电流可以用周期函数表示，因此流入干式空心电抗器的电流可表示为

$$i(\omega t)=I_0+\sum_{n=1}^{\infty}\sqrt{2I_n}\sin(n\omega t+\varphi_n)\qquad（2-1）$$

式中：I_0 为电流的直流分量；I_n 为电流的基波分量和各次谐波分量；n 为谐波的次数。

在直流情况下，干式空心电抗器的绕组主要表现为直流电阻，直流电流按照各层并联绕组的电阻分配电流。在高次谐波下，其绕组不仅会产生自感与互感，还表现为交流电阻，主要受集肤效应和临近效应的影响，会使得导体实际电阻增大。因此加载在电抗器两端的电压可表示为

$$u(\omega t)=i(\omega t)\times\left[R+Z(\omega t)\right]\qquad（2-2）$$

式中：R 为电抗器总电阻（直流电阻和交流电阻）；$Z（\omega t）$ 为电抗器在交流下的总阻抗。

2.1.2 高次谐波下的干式空心电抗器绕组电位梯度的数值计算

采用场—路耦合数值计算方法计算干式空心电抗器绕组的电场分布，需要加载电磁场和电路控制条件，通过电路方程给电抗器模型加载激励电压，实现干式空心电抗器在不同电压类型下绕组电位分布的计算。

2.1.2.1 物理场的控制方程

电磁场控制方程为

$$\nabla\times H=J\qquad（2-3）$$

$$B=\nabla\times A\qquad（2-4）$$

$$J=\sigma E+\sigma v\times B+J_e\qquad（2-5）$$

$$E=\frac{\partial A}{\partial t}\qquad（2-6）$$

式中：H 为磁场强度；J 为电流密度矢量；B 为磁感应强度；σ 为电导率；E 为电场强度矢量；v 为电势；J_e 为外部注入电流密度；A 为矢量磁势；∇ 为势场三个自由度方向上一阶偏微分矢量和。

在高次谐波情况下，通过电磁场中添加"线圈组"边界条件，通过设置电抗器绕组匝数、电阻率以及导线截面积来表征电抗器绕组，则干式空心电抗器绕组直流电阻 R_{DC}、交流电阻 R_{AC}、自感 L 及互感 M 的计算式为

$$R_{DC}=\rho\frac{l}{\pi r^2}\qquad（2-7）$$

$$R_{AC}=R_{DC}\left(1+\frac{4\pi^2 f^2 u_0^2}{192\rho^2}r^4\right)$$ （2-8）

$$L=\frac{u_0\pi r^2 N^2}{l}$$ （2-9）

$$M=Nu_0\frac{\pi R_2^2}{2R_1}$$ （2-10）

式中：ρ 为导线的电阻率；u_0 为导体的磁导率；r 为导线半径；l 为线圈长度；f 为谐波频率；N 为匝数；R_1、R_2 分别为两层线圈的质心半径。

电抗器是采用多个包封多层绕组并联的结构，将每层绕组等效为一条支路，该支路包含该层绕组的交流电阻与直流电阻以及该层绕组的自感，每两层绕组之间存在的互感。其等效电路模型如图 2-3 所示。

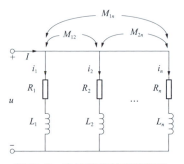

图 2-3 电抗器等效电路模型

其电路控制方程为

$$\begin{cases} u=R_1 i_1+j\omega L_1 i_1+j\omega M_{12} i_2+\cdots+j\omega M_{1n} i_n \\ u=R_2 i_2+j\omega M_{21} i_1+j\omega L_2 i_2+\cdots+j\omega M_{2n} i_n \\ \cdots \\ u=R_n i_n+j\omega M_{n1} i_1+j\omega L_{n2} i_2+\cdots+j\omega L_n i_n \end{cases}$$ （2-11）

$$I=i_1+i_2+\cdots+i_n$$ （2-12）

式中：u 为额定电压；i_i 为第 i 层绕组的电流；I 为总电流；R_i 为第 i 层绕组的电阻（直流电阻和交流电阻）；L_i 为第 i 层绕组的自感；M_{ij} 为不同层两绕组之间的互感。

2.1.2.2 电磁场—电路耦合原理及解法

电磁场—电路耦合方法是将电磁场方程和电路方程耦合起来，其电磁场—电路相互间的耦合形式如图 2-4 所示。

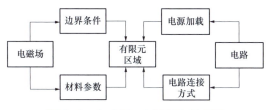

图 2-4　电磁场—电路耦合关系图

将电磁场中的"线圈组"接口与电路中对应接口相耦合，通过电路连接将所有线圈并联，并加载电压源。为了实现在不同电压类型下电抗器电场分布的计算，分别设置直流函数、高次谐波函数、复合函数，如图 2-5 所示。

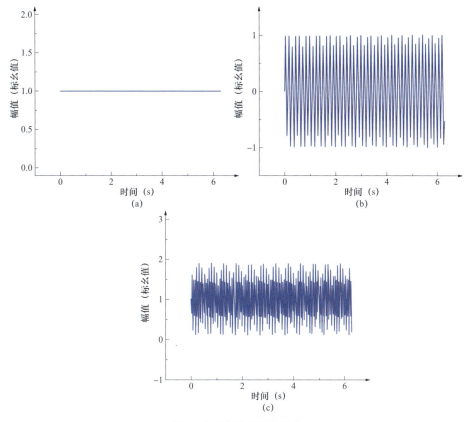

图 2-5　解析式函数形式

（a）直流函数；（b）高次谐波函数；（c）复合函数

根据上述有限元控制方程和电磁场—电路耦合作用机制，通过加载不同类型的电压源，实现对干式空心电抗器绕组在直流、高次谐波以及联合作用下

的电场分布计算。加载电压可表示为

$$u(\omega t)=U_{(0)}+\sum_{n=1}^{\infty}\sqrt{2U_{(n)}}\sin(n\omega t+\varphi_{(n)}) \tag{2-13}$$

式中：$U_{(0)}$ 为电流的直流分量；$U_{(n)}$ 为电流的基波分量和各次谐波分量；ω 为角频率；n 为谐波的次数。

2.1.2.3　干式空心电抗器模型建立

以一台额定电压为 660kV、额定电流为 3030A 的干式空心电抗器为例建立模型。该电抗器的主要参数如表 2-1 所示，该电抗器绕组采用的是铝线材料，包封材料是环氧树脂，相关材料参数如表 2-2 所示。

表 2-1　　　　　　　　　　　　　电抗器主要参数

额定电压（kV）	额定电流（A）	额定电感（mH）	额定损耗（kW）
±660	3030	75	≤ 206

表 2-2　　　　　　　　　　　　　相关材料参数

材料	电导率（S/m）	相对介电常数	相对磁导率
铝导线	3.77×10^{7}	1	1
环氧树脂	1×10^{-14}	4.5	1

电抗器整体结构复杂，为了探究干式空心电抗器绕组电场的分布情况，在模型建立时，忽略星形支架和撑条对电抗器绕组电场的影响，以线圈匝为基本单元建立干式空心电抗器模型，由于干式空心电抗器的包封高度相差无几，在建立干式空心电抗器点的有限元模型时，将每个包封的高度统一，具体的简化模型结构尺寸如表 2-3 所示，建立的电抗器简化模型如图 2-6 所示。

表 2-3　　　　　　　　　　　　　结构尺寸表

包封厚度（mm）	气道厚度（mm）	导线直径（mm）	导线绝缘厚度（mm）	小线圈匝数
40	35	3.75	0.3	176

依据干式空心电抗器的实际运行情况，基于电磁场－电路耦合方法通过电路模型给电抗器绕组加载不同类型的电压源。在直流情况下，加载 10000V 的线圈电压；在高次谐波情况下，加载 600Hz、幅值为 7800V 的线圈电压；在

联合作用下，加载解析式通过式（2-13）加载线圈电压。根据上述给出的模型参数、材料参数和约束条件进行干式空心电抗器电场分布的仿真。

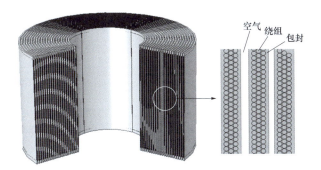

图 2-6　干式空心电抗器模型图

2.1.3　高次谐波对干式空心电抗器绕组电场分布的影响特性

通过查阅相关资料和行业经验可知，电抗器绝缘问题往往出现在外层包封，因此，选取最外四层包封进行分析。电抗器二维轴对称模型由内到外，将最外四层包封分别命名为1～4层包封，第一层包封的第一层绕组为最内层绕组，以下是分析结果。

2.1.3.1　直流电压下干式空心电抗器绕组的电场分布

由电抗器二维轴对称模型可得干式空心电抗器在直流电压下绕组的电场分布，如图2-7所示。

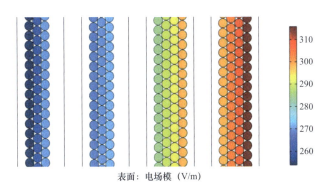

表面：电场模（V/m）

图 2-7　直流电压下电场分布情况

由图2-7可知，干式空心电抗器包封内同一层绕组的匝间压差很小。干式空心电抗器在直流电压下包封内部的压差大小主要表现为不同绕组的层间压差。由干式空心电抗器的绕组结构可知，电抗器的绕组越到外层，其绕组的匝数也越小，所以外层绕组的整体场强比内层绕组的整体场强要大，最外层绕组的整体场强最大。

2.1.3.2 高次谐波电压下干式空心电抗器绕组的电场分布

由电抗器二维对称模型可得干式空心电抗器在高次谐波电压下绕组电场分布，如图 2-8 所示。

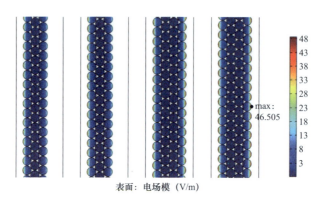

表面：电场模（V/m）

图 2-8　高次谐波电压下电场分布情况

由图 2-8 可知，在高次谐波电压下，由于电抗器绕组间自感与互感的影响，使得电抗器绕组整体电位分布不均。电抗器包封绕组的电场分布主要集中在包封内外两侧的绕组，电场最强点出现在最外层包封的最外层绕组的中部。

为了探究各绕组的层间压差，对各包封内绕组间各层电场的分布进行分析，以模型任一处的纵向二维截线为例，其绕组层间的电场变化规律如图 2-9 所示。

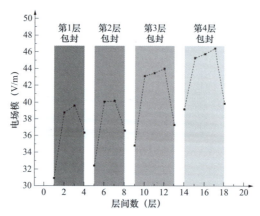

图 2-9　绕组层间电场分布规律

由图 2-9 可知，单个包封内两侧绕组的层间压差较大，中间层绕组的层间压差较小。

高次谐波电压下干式空心电抗器绕组的压差不仅表现在绕组层间，还表现在同一层绕组的匝间。为了探究在高次谐波电压下不同包封之间和不同绕组之间的电场分布规律、匝数与电场分布规律，分别选取每层包封的第一层绕组和同一包封的不同层绕组进行电场分布对比，匝数为横坐标，电场模为纵坐标，其电场分布规律如图 2-10 所示。

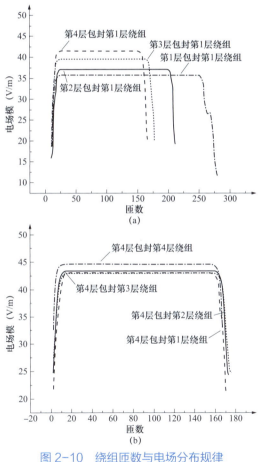

图 2-10　绕组匝数与电场分布规律

（a）不同层包封的第一层绕组电场分布规律；（b）第一层包封不同层绕组电场分布规律

在高次谐波作用下，受干式空心电抗器绕组交流电阻以及绕组自感与互感的影响，由图 2-10 可知：①最外层包封内绕组的整体场强较内层包封内绕组的整体场强大；②单个包封内最外层绕组的整体场强较内层绕组的整体场强大；③单层绕组两端的电场较小，中间的电场几乎相等，这使得单层绕组两端的匝间压差大，中间压差小。

2.1.3.3 联合作用下干式空心电抗器绕组的电场分布

由电抗器二维对称模型可得干式空心电抗器在联合作用下绕组电场分布，如图 2-11 所示。

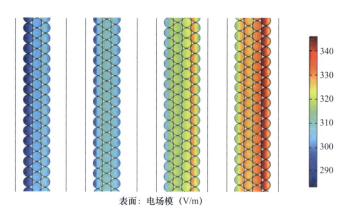

表面：电场模（V/m）

图 2-11 联合作用下电场分布情况

由图 2-11 可知，在直流电压和高次谐波电压联合作用下，电抗器包封内各层绕组的电位受高次谐波的影响，绕组的电位会出现分布不均，且高次谐波的存在会影响电抗器绕组电场最强点的位置与强度；电抗器电场最强点在电抗器最外层包封的最外层绕组的中部，场强最强点的电场强度较直流电压下增强。由此可见，高次谐波的存在会对电抗器绕组电场分布产生影响。

2.2 干式空心电抗器包封复合材料在多物理场耦合作用下的性能

2.2.1 干式空心电抗器包封复合材料在电场作用下的性能

绝缘性能是干式空心电抗器的重要性能之一，干式空心电抗器在电力系统中运作时，不仅需要承受正常稳定运行下的直流电压或交流电压，还会面临各种过电压的冲击，这些过电压所能达到的最大值不仅远远高于额定电压，同时过电压的波形以及持续作用时间往往也区别于额定电压，因而可能造成绝缘击穿的机制或者对绝缘产生的影响也不尽相同。为了确保干式空心电抗器的运行稳定性，尽可能延长使用年限，提升干式空心电抗器的各项性能指标和经济指标，有必要针对目前存在的整体问题采取对应措施以保障干式空心电抗器绝缘性能的可靠性。

干式空心电抗器在投切过电压的作用下，包封内的层间绝缘和匝间绝缘存在发生局部绝缘击穿进而引发整体绝缘性能被破坏的可能性。因此，更准确分析、深入探究干式空心电抗器全局电场及包封内部的电场分布特性与场强大小，是对干式空心电抗器性能稳定性评估的重要任务之一。

2.2.1.1 干式空心电抗器电场计算原理

干式空心电抗器由多层绕组并联绕制而成，在电路连接上可化简为电压源与多层绕组并联。运用有限元方法对电抗器的电磁场问题进行求解时，将电压源等效为外部集中参数，线圈部分按照网格剖析进行离散化求解，将有限元区域中的线圈与外部电路中的线圈耦合起来，将电磁场问题通过电路问题来求解，即电磁场—电路耦合方法。

电磁场问题可以通过麦克斯韦方程组进行描述，分析和研究电磁场问题的起始点就是针对给定边界条件和初始条件下的麦克斯韦方程组进行求解的问题。麦克斯韦方程组其实由四个方程联合组成，分别是描述电场怎样由电荷产生的高斯电通定律、描述磁场怎样由电流和交变电场产生的麦克斯韦—安培定律、论述自然界中没有磁单极物质粒子的磁通连续性定律和描述电场怎样由交变磁场产生的法拉第电磁感应定律；分别表示为

$$
\begin{cases}
\oiint D\mathrm{d}s=\iiint_{v}\rho\mathrm{d}v \\
\oint_{\Gamma} H\mathrm{d}l=\iint_{\Omega}\left(J+\dfrac{\partial D}{\partial t}\right)\mathrm{d}S \\
\iint_{s} B\mathrm{d}S=0 \\
\oint_{\Gamma} E\mathrm{d}l=-\iint_{\Omega}\left(J+\dfrac{\partial B}{\partial t}\right)\mathrm{d}S
\end{cases}
\tag{2-14}
$$

式（2-14）还有另一种微分形式的表示方法，即

$$
\begin{cases}
\nabla \cdot D=\rho \\
\nabla \times H=J+\dfrac{\partial D}{\partial t} \\
\nabla \cdot B=0 \\
\nabla \times E=\dfrac{\partial B}{\partial t}
\end{cases}
\tag{2-15}
$$

因为可以忽略由电磁场引起的推迟效应，并以准稳电磁场的方法构建干式空心电抗器的计算模型，而位移电流远小于电抗器自身的传导电流，同时注意到在探究空心电抗器关于电场的问题中不存在自由电荷，因而位移电流和电流密度均可忽略不计。对式（2-15）进行简化，得到

$$
\begin{cases}
\nabla \cdot D = 0 \\
\nabla \times H = J \\
\nabla \cdot B = 0 \\
\nabla \times E = \dfrac{\partial B}{\partial t}
\end{cases}
\tag{2-16}
$$

在媒介中，电通密度 D、电场强度 E、磁感应强度 B、磁场强度 H 以及传导电流密度矢量 J 这几个物理场量之间满足的函数关系表示为

$$
\begin{cases}
D = \varepsilon E \\
B = \mu H \\
B = \sigma E
\end{cases}
\tag{2-17}
$$

式中：ε 为介电常数；μ 为磁导率；σ 为电导率。

对于电磁场问题的计算，经常需要简化上述偏微分方程，以便能利用其他解析计算方法得到该电磁场问题的解析解。为了方便数值求解，在简化电磁场问题的过程中，通过引入矢量磁势 A 和标量电势 η 两个物理量，分别对电场变量、磁场变量进行分离，得到关于电场和磁场的独立偏微分方程。函数关系表示为

$$
B = \nabla \times A \\
E = -\nabla \eta
\tag{2-18}
$$

将式（2-18）引入的矢量磁势和标量电势回代到式（2-16）和式（2-17）中，可推导得到矢量磁位、标量电位表示的磁场方程关系和电场方程关系，即

$$
\nabla^2 A = -\nabla J \\
\nabla^2 \phi = -\dfrac{\rho}{\varepsilon}
\tag{2-19}
$$

式中，∇^2 表示拉普拉斯算子，其偏微分方程定义为

$$
\nabla^2 = \dfrac{\partial^2}{\partial x^2} + \dfrac{\partial^2}{\partial y^2} + \dfrac{\partial^2}{\partial z^2}
\tag{2-20}
$$

再利用有限元分析法对式（2–19）进行数值解析，求解得出磁势和电势的场域分布数值大小，然后通过后处理即可转化得到电磁场的各种待求物理量，如电场强度、磁感应强度等。

2.2.1.2 干式空心电抗器电场计算

干式空心电抗器模型的参数设置及模型的建立如 2.1.2.3 节所示。

以电抗器最外四层包封为例，通过加载电磁场，计算得到电抗器包封复合材料的电场分布情况如图 2–12 所示。

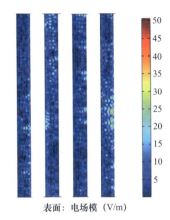

表面：电场模（V/m）

图 2–12　电抗器复合材料的电场分布情况

图 2–12 直观、清晰地展现了空心电抗器的全局电场分布特性，可以看出，干式空心电抗器全局电场在轴向上呈中心对称分布，在径向上呈轴对称分布，包封与包封之间电场的相互影响非常小，所以干式空心电抗器的场强主要体现在包封内部同一支路的匝间场强和不同支路的层间场强。空心电抗器上、下端部电场强度明显高于中部，最大场强值近似为 50V/m，分布于空心电抗器最外层包封上、下端部的外表面，这是因为在制作空心电抗器时为了保证等高设计，越往外则包封内绕组的匝数就越少，匝间场强相应也就越大。因此，在设计干式空心电抗器时尤其需要注意对最外层包封的处理。

对于一般变电站而言，干式空心电抗器投切次数非常多，少则几十次多则上百次，如果空心电抗器长期经受投切操作过电压的冲击，则会对其绝缘性能造成一定的威胁。若干式电抗器在设计制造过程中，仅以空心电抗器额定运行电压为参考标准，很有可能因为考虑不全面造成空心电抗器绝缘设计不当，引发严重的故障事故。因此，有必要强化干式空心电抗器绝缘材料的选定，使其耐受投切过电压的冲击，从而确保空心电抗器的平稳可靠运行。

2.2.2 干式空心电抗器包封复合材料在热场作用下的性能

由于干式空心电抗器特殊的组成结构，一旦匝间绝缘出现异常情况，如损坏、破裂等，就容易出现温度异常状况产生绝缘老化，持续发展会导致绝缘严重破损，形成恶性循环，即过热、绝缘损坏、发热加剧，最终导致绕组匝间完全失去绝缘能力，引发匝间短路，从而导致烧毁。而干式空心电抗器的状态监测主要是通过在包封表面布设无线温度传感器，监测不同运行时间、运行状况下的温度变化，对采集的数据进行分析从而判断电抗器是否发生异常。因此，对电抗器进行温度计算是状态监测的重点。

2.2.2.1 干式空心电抗器产热计算方法

干式空心电抗器的损耗包括涡流损耗、电阻损耗和杂散损耗。其中，电阻损耗最大、涡流损耗次之，杂散损耗最小，可以忽略。干式空心并联电抗器为轴对称结构，由多层线圈并绕构成，各层线圈可以由导线电阻、自感及互感所形成的感应式来等效。以层为单位建立的等值电路如图 2-13 所示。

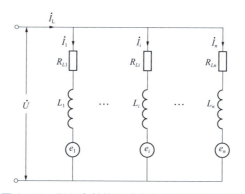

图 2-13 以层为单位干式空心电抗器等值电路

任意两个线圈间的互感 $M_{i,\,k}$ 为

$$M_{i,k}=\mu_0 n_i n_k R_i R_k \left[F(R_i, R_k, Z_1)-F(R_i, R_k, Z_2)+F(R_i, R_k, Z_3)-F(R_i, R_k, Z_4) \right]$$

（2-21）

$$F(R_i, R_k, Z_j)=R_i R_k \int_0^\pi \frac{\sqrt{R_i^2+R_k^2-2R_i R_k \cos\theta+Z_j^2}}{R_i^2+R_k^2-2R_i R_k \cos\theta} \sin^2\theta \mathrm{d}\theta$$ （2-22）

$$Z_1 = \frac{H_i}{2} + \frac{H_k}{2} + S$$

$$Z_2 = \frac{H_i}{2} - \frac{H_k}{2} + S$$

$$Z_3 = -\frac{H_i}{2} - \frac{H_k}{2} + S \tag{2-23}$$

$$Z_4 = -\frac{H_i}{2} + \frac{H_k}{2} + S$$

式中：μ_0 为真空磁导率；n_i 和 n_k 为两个线圈的单位长度匝数；H_i 和 H_k 为两个线圈的高度；R_i 和 R_k 为两个线圈的半径；S 为两线圈的中心间距。

取 $H_i = H_k$ 及 $S=0$，可以得到任一线圈的自感 L_i 为

$$L_i = 2u_0 n_i^2 R_i^2 \left[F(R_i, R_i, H_i) - F(R_i, R_i, 0) \right] \tag{2-24}$$

任一层线圈电阻为

$$R_{Li} = \frac{8 R_i n_i H_i}{\gamma_0 d_i^2} (1 + \alpha \Delta \bar{t}) \tag{2-25}$$

式中：γ_0 为 20℃铝导线（各层线圈由铝导线绕制）的电导率；$\alpha=0.0039/℃$，为导线的温度系数；$\Delta t = t_{av} - t_0$（$t_0 = 20℃$），为线圈平均温度的变化量；d_i 为铝导线直径。

第 i 层线圈的感应电动势为

$$e_i = \sum_{j=1}^{n} j\omega M_{i,j} \dot{I}_j \tag{2-26}$$

建立电压方程组，即

$$\begin{vmatrix} R_i + j\omega L_1 & j\omega M_{1,2} & \cdots & j\omega M_{1,j} & \cdots & j\omega M_{1,n} \\ j\omega M_{2,1} & R_2 + j\omega L_2 & \cdots & j\omega M_{2,j} & \cdots & j\omega M_{2,n} \\ \vdots & \vdots & \ddots & \vdots & \ddots & \vdots \\ j\omega M_{i,1} & j\omega M_{i,2} & \cdots & j\omega M_{1,j} & \cdots & j\omega M_{1,n} \\ \vdots & \vdots & \ddots & \vdots & \ddots & \vdots \\ j\omega M_{n,1} & j\omega M_{n,2} & \cdots & j\omega M_{n,j} & \cdots & R_n + j\omega L_n \end{vmatrix} \begin{vmatrix} \dot{I}_1 \\ \dot{I}_2 \\ \vdots \\ \dot{I}_i \\ \vdots \\ \dot{I}_n \end{vmatrix} = \begin{vmatrix} \dot{U} \\ \dot{U} \\ \vdots \\ \dot{U} \\ \vdots \\ \dot{U} \end{vmatrix}$$

$$\tag{2-27}$$

式（2-27）中有 n 个电流变量，可以由方程组解析出各层线圈电流 I_i。任一层线圈的电阻损耗为

$$R_{Li}=I_i^2 \frac{8R_i n_i H_i}{\gamma_0 d_i^2}(1+\alpha\Delta \bar{t}) \qquad (2-28)$$

干式空心电抗器各支路由多根圆导线构成，单根导线直径很小，忽略单根导线内部的磁场变化，认为导线截面积内磁场处处相等。干式空心电抗器磁场为轴对称场，对于任一线圈 i 上任一线匝 j 处的温度变化量为 Δt_j，则该线匝的涡流损耗为

$$P_{eij}=\frac{\pi^2 R_i \gamma_0 \omega^2 d_i^4}{32(1+\alpha\Delta t_j)}(B_{zij}^2+B_{rij}^2) \qquad (2-29)$$

式中：ω 为角频率；B_{zij} 为该线匝上任一点的轴向磁场；B_{rij} 为该线匝上任一点的幅向磁场；B_{zij} 与 B_{rij} 为各支路线圈产生磁场的代数和。

设线匝与线圈中心之间的轴向距离为 z_j，则线圈 k 在该线匝上任一点的磁场为

$$B_{zij}=\sum_{k=1}^{n}\frac{n_k I_k R_k \mu_0}{2}\left\{F_z\left[R_k,R_i,\left(z_j+\frac{H_k}{2}\right)\right]-F_z\left[R_k,R_i,\left(z_j-\frac{H_k}{2}\right)\right]\right\}$$
$$B_{rij}=\sum_{k=1}^{n}\frac{n_k I_k R_k \mu_0}{2}\left\{F_r\left[R_k,R_i,\left(z_j-\frac{H_k}{2}\right)\right]-F_r\left[R_k,R_i,\left(z_j+\frac{H_k}{2}\right)\right]\right\} \qquad (2-30)$$

其中

$$F_z=(R_k,R_i,z)=\frac{1}{\pi}\int_0^\pi \frac{z(R_k-R_i\cos\theta)}{\sqrt{R_k^2+R_i^2+z^2-2R_k R_i \cos\theta}}\frac{\mathrm{d}\theta}{R_k^2+R_i^2+-2R_k R_i \cos\theta} \qquad (2-31)$$

$$F_r(R_k,R_i,z)=\frac{1}{\pi}\int_0^\pi \frac{\cos\theta \mathrm{d}\theta}{R_k^2+R_i^2+z^2-2R_i R_k \cos\theta} \qquad (2-32)$$

第 i 层线圈涡流损耗为

$$P_{ei}=\sum_{j=1}^{n_i H_i}\frac{\pi^2 R_i \gamma_0 \omega^2 d_i^4}{32(1+\alpha\Delta t_j)}(B_{zij}^2+B_{rij}^2) \qquad (2-33)$$

热源强度为单位体积生热率，若第 i 层线圈单位高度的体积为 V_0，则该线圈平均热源强度为

$$q_i=P_{Ri}+P_{ei} \qquad (2-34)$$

2.2.2.2　干式空心电抗器散热计算方法

干式空心电抗器在正常工作时不存在具有强制通风的设备，电抗器各个包封表面的降温方式为自然对流换热。干式空心电抗器的热量传递方式为包封

内部层间热传导、空气自然热对流和包封表面间热辐射，在电抗器刚开始工作时温度会迅速升高，温度升高的同时进行热量传递，随后温度增加速度变缓，一段时间后电抗器温度不发生变化，达到热稳定状态。

（1）干式空心电抗器的热传导效应。热传导是在一定媒介之间发生的导热现象，是由原子、分子等微观粒子的热运动产生的，即高温物体的热能向低温物体转移的过程，此过程不需要不同物体之间产生相对位移。

干式空心电抗器包封内部通过热传导散热。每个包封由多个支路线圈构成，各线圈为聚酯薄膜包铝导线绕制，层间和线圈外部用环氧玻璃丝纤维缠绕。在同一高度各角度温度相等，在圆柱坐标下，热传导微分方程为

$$\frac{\partial}{\partial x}\left(\lambda_x\frac{\partial T}{\partial x}\right)+\frac{\partial}{\partial y}\left(\lambda_y\frac{\partial T}{\partial y}\right)+\frac{\partial}{\partial z}\left(\lambda_z\frac{\partial T}{\partial z}\right)=-Q \tag{2-35}$$

式中：T 为电抗器温度，K；λ_x、λ_y、λ_z 分别是 x、y、z 轴方向的导热系数，$W/(m \cdot K)$；

（2）干式空心电抗器热对流效应。干式空心电抗器各包封表面与空气之间的热对流效应为自然对流换热，其计算式为

$$q=h(t_w-t_f) \tag{2-36}$$

式中：h 为对流换热系数；t_w 和 t_f 分别为电抗器表面和周围空气的温度。

干式空心电抗器开始运行后，包封周围的空气在受热后密度会变小，沿着包封表面逐渐向上流动，产生一个范围不断变化的热边界层，包封产生的热量以非定常、无周期、输运量在时间和空间波动的湍流方式在空气中流动，可以用瑞利参数的大小来判断湍流的产生，瑞利参数计算式为

$$Ra=\frac{g\beta L^3\Delta T}{v\alpha} \tag{2-37}$$

式中：ΔT 为包封表面与气体温度之差；g 为重力加速度；v 为空气运动黏度系数；α 为热量扩散系数；β 为气体膨胀系数，L 为特征长度。

当 $\alpha \geqslant 10^9$ 时，空气中热量流动方式为湍流。

（3）干式空心电抗器热辐射效应。本书关注的干式空心电抗器是在室内环境下运行的，其主要的散热机制是自然对流。另外，当考虑到电抗器表面的辐射热交换时，其对应的控制方程为

$$q=\varepsilon\sigma_{be}(t_w^4-t_f^4) \tag{2-38}$$

式中：ε 为辐射系数；σ_{be} 为玻尔兹曼常数。

为降低有限元计算难度，在模型中加载激励后计算出导体绕组的运行损耗，将其损耗以热源的形式参与温度场模型的计算中，设置对应的散热方式为空气自然对流，经结构化网格剖分后完成计算。为了对温度进行准确计算，在电抗器模型中添加了空气域模拟其散热情况，并设置了不同的计算条件：

1）要模拟电抗器在不同环境温度下运行的情况，将有限元初始温度参数分别设置为 –20、–10、0、10、20、30℃。

2）针对户内运行的电抗器，将包封下端的空气域指定流体入口，流速分别取 0.2、0.5、1、1.5、2m/s。

3）干式空心电抗器温度计算结果。分析处理计算后的数据，可以发现，环境温度在 –20～30℃之间变化时，电抗器的温度在数值上会发生改变，环境温度越高，电抗器温度也越高，但不同包封热点温度分布规律仍然一致，如图 2–14 所示。

空气流速在 0.2、0.5、1、1.5、2m/s 中变化时，空气流速越大，包封整体温度越低，这是因为流速大的时候热交换程度也更大，但不同流速下温度的分布规律也呈现出相同的变化趋势，如图 2–15 所示。因此我们可以知道，环境温度和空气流速的变化并不影响温度的分布规律。

下面以环境温度 20℃，空气流速 0.2m/s 为例对温度进行具体分析。电抗器温度分布如图 2–16 所示，观察电抗器截面（见图 2–17）可知，各层包封上部温度最高，中间部分较低，底部最低。

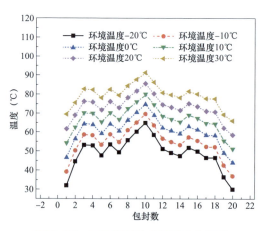

图 2–14　不同包封热点温度分布规律

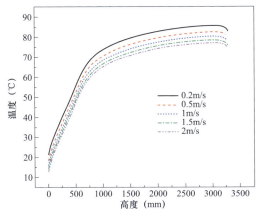

图 2-15 不同流速下温度分布规律

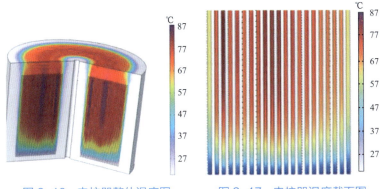

图 2-16 电抗器整体温度图　图 2-17 电抗器温度截面图

从轴向上看，两端温度低于中间位置，底部温度与周围环境温度相近。随着电抗器高度上升，温度也持续增加，但在接近顶端出口时温度略有下降。由于区域底部位于气流的入口处，温度较低；随着包封高度的逐步提升，气体的湍流逐步增强导致包封与空气对流程度增大，温度不断升高，在85% 左右高度的位置达到最大值；电抗器顶端区域接近包封的顶部属于气流出口处，热流与空气进行了充分的热交换，导致出口位置的温度呈下降趋势。从径向上看，中间包封的温度要明显高于内外层，这是因为两侧包封与空气直接接触形成了良好的散热条件，而内侧包封由于气道狭小，空气流通效果差，温度相对会更高。

干式空心电抗器包封绝缘材料性能会受温度影响，当温度过高，绝缘材料会发生热老化，干式空心电抗器包封绝缘材料热老化服从蒙特申格尔（Monstinger）寿命定律，关系表达式为

$$t = Ae^{(-\alpha\theta)} \tag{2-39}$$

式中：A 是常数（130℃热量级材料约是 6.5×10^5）；α 为常数（约 0.088）；θ 是绝缘材料的温度；t 是绝缘材料的使用寿命。

从式（2-39）可以看出，温度越高绝缘材料的使用寿命将越低；材料的老化程度和其绝缘性能随着温升的增高而程度加重，进一步降低了电抗器的使用寿命严重会导致其损毁。不同等级的绝缘材料根据温升的变化其绝缘性能也有不同的变化规律，对于 130℃热量级绝缘材料，复合材料受到的影响温度每升高 10℃，其材料的寿命将减少一半，这就是绝缘材料的 10℃定律。

根据电抗器的技术标准，电抗器规定最高周围运行环境为 40℃，而所规定的最高的环境温度代表的是每小时的平均温度，就是夏季每天会达到的最高温度。而周围的环境温度是变化的，电抗器不会在一个恒定不变的温度环境中一直运行，一个运行二三十年的电抗器，其设备寿命虽然会在一定程度上受短时最高运行环境温度影响，但主要是由年平均温度决定。因此，干式电力变压器标准 IEC 60076-11、GB 1094.11-2001 即规定了设备运行的最高环境温度不大于 40℃，此外还规定了每年平均气温不能大于 20℃，由此可知这是保障设备可以运行 20 年以上的一个标准条件。事实上，广东、广西等南方部分地区的年平均温度接近 20℃。我国其他大部分地区常年年平均气温低于 20℃。例如云南楚雄地区年平均温度为 16℃，上海地区为 15.7℃，四川省向家坝地区年平均温度为 18℃。这些地区都比干式电力变压器标准规定的规定的最高环境温度 40℃低一半还要多，因此电抗器设备的热寿命得到了约 3 倍的延长。

对全国大部分地区在绝大部分的时间里热点温度低于规定的上限及年均气温低于规定的最高气温这两个方面进行综合考虑。根据蒙特申格尔（Montsinger）寿命定律或阿伦尼乌斯线性方程评估，±800kV 向家坝—上海特高压直流输电示范工程中，电抗器绝缘材料热失效期是标准实验条件下的 60 倍，云南—广东的项目工程运行时间是标准试验条件下时间的 102 倍。

2.2.3　干式空心电抗器包封复合材料在应力场作用下的性能

干式空心电抗器在正常运行时包封内部线圈生热，由于存在热胀冷缩现象，会对包封绝缘层产生相应的热应力，发生鼓包现象。当热应力超过绝缘的承受强度时，会使包封发生开裂，匝间绝缘遭到破坏发生短路，导致电抗器起火烧毁。

2.2.3.1 干式空心电抗器导体发热引起应力分布畸变的计算原理

（1）热弹性力学假设条件。物体温度发生变化，由于物体内部各构件之间的相互约束或和不能自由伸缩的其他物体之间所产生的力为热应力。热弹性力学除了研究外力载荷对弹性体的作用外，还要侧重研究温度变化的作用，即弹性体在外力和温度共同作用下应力应变的变化规律。热弹性力学解析过程中遵循的假设条件包括：

1）物体是具有连续性的，整个物体内部不含有空隙，充满了连续介质。

2）物体是完全弹性的，去除温度和外力后，物体能恢复原来的形状。

3）物体是均匀和各向同性的，物体由相同的材料构成，介质的物理性质不随坐标和方向改变。

4）物体的位移和变形是微小的，在外力或温度作用下，物体由于变形而引起的各点位移远小于物体的尺寸。

5）物体内不存在原始应力，只有在物体经过外加载荷或温度作用之后，其内部才会出现应力。

（2）热弹性力学基本规律。热弹性力学在解决空间问题时，从物理学、力学和几何学三方面进行分析，遵循如下方程：

1）广义胡克定律。要观察电抗器导体发热引起应力分布情况，需要进行材料固体力学研究，通过比较未投入运行和通流运行时的温度差，计算发热情况下的绝缘材料膨胀情况。此时需遵守广义胡克定律，即

$$\begin{cases} \sigma_x = 2G\varepsilon_x + \lambda e - \beta t \\ \sigma_y = 2G\varepsilon_y + \lambda e - \beta t \\ \sigma_z = 2G\varepsilon_z + \lambda e - \beta t \\ T_{xy} = G\gamma_{xy} \\ T_{yz} = G\gamma_{yz} \\ T_{zx} = G\gamma_{zx} \end{cases} \tag{2-40}$$

其中

$$e = \varepsilon_x + \varepsilon_y + \varepsilon_z ; \beta = \frac{\alpha M}{1-2\mu}$$

$$\lambda = \frac{M\mu}{(1+\mu)(1-2\mu)} ; G = \frac{M}{2(1+\mu)} \tag{2-41}$$

式中：σ_x、σ_y 和 σ_z 分别为三个方向的正应力；T_{xy}、T_{yz} 和 T_{zx} 分别为三个面的剪应力；ε_x、ε_y 和 ε_z 分别为三个方向的正应变；γ_{xy}、γ_{yz} 和 γ_{zx} 分别为三个面的剪应变；e 为体积应变；G 为剪切弹性模量；M 为拉压弹性模量；为拉梅常数，μ 为泊松比，α 为膨胀系数，β 为热应力系数，t 为温度变化量。

2）应变与位移的关系可表示为

$$
\begin{cases}
\varepsilon_x = \dfrac{\partial u}{\partial x} \\[2mm]
\varepsilon_y = \dfrac{\partial v}{\partial y} \\[2mm]
\varepsilon_z = \dfrac{\partial w}{\partial z} \\[2mm]
\gamma_{xy} = \dfrac{\partial v}{\partial x} + \dfrac{\partial u}{\partial y} \\[2mm]
\gamma_{yz} = \dfrac{\partial w}{\partial y} + \dfrac{\partial v}{\partial z} \\[2mm]
\gamma_{zx} = \dfrac{\partial u}{\partial z} + \dfrac{\partial w}{\partial x}
\end{cases}
\tag{2-42}
$$

式（2-42）中有 6 个热应力、6 个热应变和 3 个位移分量，共 15 个变量和 15 个方程。在满足协调方程和边界条件下，可以求解出 15 个变量。

3）平衡微分方程可表示为

$$
\begin{cases}
(\lambda+G)\dfrac{\partial e}{\partial x} + G\nabla^2 u - \beta\dfrac{\partial t}{\partial x} + X = 0 \\[2mm]
(\lambda+G)\dfrac{\partial e}{\partial y} + G\nabla^2 v - \beta\dfrac{\partial t}{\partial y} + Y = 0 \\[2mm]
(\lambda+G)\dfrac{\partial e}{\partial z} + G\nabla^2 w - \beta\dfrac{\partial t}{\partial z} + Z = 0
\end{cases}
\tag{2-43}
$$

式中：u、v 和 w 分别为三个位移分量；X、Y 和 Z 分别为三个体积力（重力）分量。

4）协调方程。式（2-44）中列出六个应变分量间的微分方程，称为变形连续方程，又称相容方程。

$$\begin{cases}
\dfrac{\partial^2 \varepsilon_x}{\partial y^2} + \dfrac{\partial^2 \varepsilon_y}{\partial x^2} = \dfrac{\partial^2 \gamma_{xy}}{\partial x \partial y} \\[2mm]
\dfrac{\partial^2 \varepsilon_y}{\partial z^2} + \dfrac{\partial^2 \varepsilon_z}{\partial y^2} = \dfrac{\partial^2 \gamma_{yz}}{\partial y \partial z} \\[2mm]
\dfrac{\partial^2 \varepsilon_z}{\partial x^2} + \dfrac{\partial^2 \varepsilon_x}{\partial z^2} = \dfrac{\partial^2 \gamma_{yx}}{\partial z \partial x} \\[2mm]
\dfrac{\partial}{\partial x}\left(\dfrac{\partial \gamma_{zx}}{\partial y} + \dfrac{\partial \gamma_{xy}}{\partial z} + \dfrac{\partial \gamma_{yz}}{\partial x} \right) = 2\dfrac{\partial^2 \varepsilon_x}{\partial y \partial z} \\[2mm]
\dfrac{\partial}{\partial y}\left(\dfrac{\partial \gamma_{xy}}{\partial z} + \dfrac{\partial \gamma_{yz}}{\partial x} + \dfrac{\partial \gamma_{zx}}{\partial y} \right) = 2\dfrac{\partial^2 \varepsilon_y}{\partial z \partial x} \\[2mm]
\dfrac{\partial}{\partial z}\left(\dfrac{\partial \gamma_{yz}}{\partial x} + \dfrac{\partial \gamma_{xx}}{\partial y} + \dfrac{\partial \gamma_{xy}}{\partial z} \right) = 2\dfrac{\partial^2 \varepsilon_z}{\partial x \partial y}
\end{cases} \tag{2-44}$$

5）边界条件。热弹性体方程的解必须满足在物体表面上的边界条件，出现在边界的微元体表面应力分量分别为 X、Y 和 Z，法线方向余弦在边界表面表示为 l、m 和 n，表面应力必须满足的边界条件为

$$\begin{cases}
\overline{X} = \sigma_x l + T_{yx} m + T_{zx} n \\
\overline{Y} = \sigma_y m + T_{zy} n + T_{xy} l \\
\overline{Z} = \sigma_z n + T_{xy} l + T_{yz} m
\end{cases} \tag{2-45}$$

2.2.3.2　干式空心电抗器导体发热引起应力分布畸变结果

电抗器由铝导线、聚酯薄膜以及浸透玻璃纤维的环氧树脂构成，材料因膨胀系数的存在受热会发生一定程度的膨胀导致包封位移的产生。通过温度场对电抗器包封位移变形程度进行仿真分析，结果如图 2-18 所示。

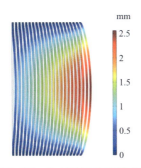

图 2-18　包封位移变形程度图

设 20℃为初始温度条件，在该条件下包封内部应变和应力为零。包封内

部任一点温度变化引起的位移变量由温差和膨胀系数的乘积确定，它与应变线性叠加，共同表述该点实际位移变量。

由图 2-18 可以发现，在径向上最外层包封表面位移程度最大，而在轴向上两端的位移程度小于中间位置。

径向上，随着包封越靠近外层，电抗器的位移程度增大，最外层的包封变形最为显著。这是由于最外层包封表面散热较好，温度较低，而绕组内部的温度较高，导致内外温度差异较大，环氧树脂材料在温度作用下发生较深的热膨胀，从而引起最外层的位移最大。

轴向上，在电抗器轴向上观察，两端的位移程度较中间位置小，呈现大致对称的分布。这是因为电抗器轴向上的包封两端存在星形架，对端部起一定的约束作用，使得位移程度很小，接近于 0mm，随着位移往包封轴向中部发展，约束作用减弱，最外包封中部位移最大可达到 2.5mm，更容易产生绝缘裂痕，对电抗器运行影响大。

包封内部紧密排列着许多匝由聚酯薄膜包裹的铝导线，经由环氧树脂玻璃纤维复合材料浇筑固化，铝导线作为导体提供通流条件，聚酯薄膜和环氧树脂材料共同为电抗器提供绝缘。由于组成各包封的材料不同，彼此之间的力学性质存在一定差异，因此电抗器通流升温后各组成材料发生不同程度的膨胀变化，它们互相挤压会使得绝缘材料上承受一定的挤压力，这种因为发热膨胀产生的力称为热应力。通过温度场对电抗器包封内部应力进行仿真分析，结果如图 2-19 所示。

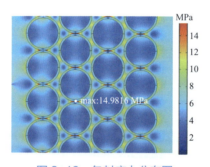

图 2-19　包封应力分布图

由图 2-19 可见，包封内部热应力分布不均，同一绕组匝间应力大于不同绕组间的，整个包封最大热应力出现在聚酯薄膜和环氧树脂交界处，这是因为聚酯薄膜和环氧树脂的热膨胀系数差要大于聚酯薄膜和铝导线间，材料之间的挤压更为明显。图中应力最大值出现在第一绕组中部，约为 14.98MPa。

2.2.4 干式空心电抗器包封复合材料在电—热—应力场耦合作用下的性能

常见的干式空心电抗器匝间绝缘材料为聚酯薄膜，同时在电抗器绕组外部用浸渍环氧树脂的玻璃纤维缠绕严密包封，所以干式空心电抗器匝间绝缘材料实际上是由聚酯薄膜和环氧树脂构成的复合绝缘材料。电气设备的绝缘材料在使用过程中在外加应力的作用下内部结构发生改变，使其性能随时间发生的不可逆的劣化直至失效，该过程被称作绝缘材料的老化。根据承受物理场的不同，绝缘材料的老化可分为电老化、热老化、机械老化。干式空心电抗器在运行时处于多物理场耦合共同作用条件下，因此在对其进行包封复合材料研究时需联合电—热—应力场进行整体分析。

电抗器在运行过程中承受一定的电场强度作用，在最外层包封绕组和绝缘材料场强相较于内层包封偏大。在高场作用下，绝缘介质表面不可避免地会发生一种称为电痕化失效的介电击穿现象，环氧树脂在复杂运行工况和恶劣工作环境下极易发生电树枝老化，导致电气绝缘性能降解。

电抗器在运行过程中，其绕组既是导热介质又是热源，加上电抗器各个包封不完全相同，使得各部位温度分布不均匀，从而最大温升点的温度较高，于是匝间绝缘材料也经历了热老化过程。

包封内部紧密排列着许多匝由聚酯薄膜包裹的铝导线，经由环氧树脂玻璃纤维复合材料浇筑固化，铝导线作为导体提供通流条件，聚酯薄膜和环氧树脂材料共同为电抗器提供绝缘。由于组成各包封的材料不同，彼此之间的力学性质存在一定差异，因此电抗器通流升温后各组成材料发生不同程度的膨胀变化，它们互相挤压会使得绝缘材料上承受一定的热压力。因此匝间绝缘材料在这种热应力的作用下也会经历机械老化过程，严重甚至会导致绝缘出现破损。

在多物理场作用下，电—热—机械老化并非单独作用，而是相互增强电抗器包封环氧树脂材料的老化效果，具有协同效应。因此在对包封绝缘材料性能进行研究时需对电—热—应力场进行综合分析。

2.3　干式空心电抗器表面树枝状放电的绝缘故障机制

干式平波电抗器通常是用来移除换流器直流侧的电流纹波，运行在直流电压下，电流多按照各层并联绕组的电导分配，通流量相较于其他类型的电抗器更大。由于其高通流容量，电流在电抗器内部的传输可能导致相对较高的能量损耗和发热，整体温度相比于交流电抗器来说处于较高状态。根据目前干式空心电抗器的故障统计表明，电抗器烧毁等大型故障发生概率较低，事故大多集中于最外层包封的绝缘表面放电。该故障特征与直流平波电抗器的结构和运行工况相关联。引起电抗器绝缘故障的原因主要有以下几种情况。

（1）谐波作用下绕组结构引起的电位分布不均。干式空心平波电抗器虽然接在输电线路直流侧，但其中还带有少量的频率高、陡度大的谐波电流，使得不同包封内各层绕组间互感及交流电阻作用明显，更容易造成电抗器绕组层间的电位分布不均。这种不均匀的电位分布会导致绝缘击穿的可能性增加，尤其是那些承受较高电场强度的包封绕组更容易发生绝缘击穿事故。

（2）应力集中引起的绝缘开裂。干式空心平波电抗器的绝缘由导线外包裹的聚酯薄膜以及最外绕制的环氧树脂组成，因为材料热膨胀系数的存在，在绕组发热情况下会出现应力集中现象，产生一定程度的膨胀位移导致绝缘开裂。由于平波电抗器存在发热严重的特点，应力集中引起的绝缘开裂问题相对于其他类型的电抗器更加严重。随着裂纹的不断拓展，空气、灰尘等进入裂缝中造成局部集中，电场容易出现畸变情况演变为极不均匀电场。

电位分布不均和应力集中共同作用，导致匝间短路，进而发展为表面放电。严重时会导致绝缘击穿，使得电抗器运行故障，危害电力系统安全性。

现对干式空心电抗器表面树枝状放电进行试验，其中包括试验材料、试验装置、绝缘材料表面裂痕及电极距离的设计和平台构建，阐述试验步骤，研究绝缘材料表面裂痕和电极距离对表面放电的影响规律。

2.3.1　试验材料及试验装置

2.3.1.1　试验材料

主要试验材料为环氧树脂片，由于环氧树脂的原料来源方便且成本较低，它成为电工绝缘材料广泛的选择。此处试验选取的圆形环氧树脂片的直径为1300mm，厚度为4mm，如图2-20所示。

图 2-20　圆形环氧树脂片

2.3.1.2　试验装置

主要试验装置为实验电源（该实验电源叠加了变频装置模块）、温湿度检测仪和模拟电抗器框架，其实物如图 2-21 所示。

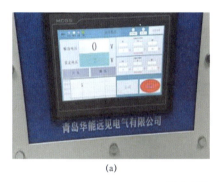
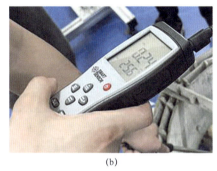

(a)　　　　　　　　　　　　　　　　　(b)

图 2-21　试验装置图

（a）实验电源；（b）温湿度检测仪

2.3.2　试验设计及平台搭建

2.3.2.1　试验设计

（1）变裂缝宽度，持续升高电压。主要试验裂缝宽度为 1mm、5mm、1cm、2cm、4cm。

（2）改变电极距离，持续升高电压。主要试验电极距离为 2、4、6、8cm。

（3）试品染污。利用食用盐和水配置不同盐密的染污液，控制染污液盐密分别为 0.05、0.1、0.2mg/cm^2。

（4）试品湿润。将试品置于玻璃绝缘支柱上，将染污液喷置于试品表面，保证试品表面充分湿润。

（5）改变试品湿润的染污液，保持环境温度不变，持续升高电压，观察试品放电现象。

进行多组试验，针对环氧树脂表面不同裂缝宽度、不同电极距离及表面喷洒不同染污液进行测试，每组测试进行5次，取放电电压的平均值，记为环氧树脂片在不同情况下的放电电压大小。

2.3.2.2　平台搭建

为了模拟电抗器绝缘材料环氧树脂表面的放电现象，搭建绝缘平台，分别对处理后的圆形环氧树脂片进行高次谐波作用下的放电测量实验。将圆形环氧树脂片放在绝缘平台上，将实验电源（该实验电源加装了变频装置）两极夹持在环氧树脂片两端，通过实验电源加载高次谐波电源。其实验现场如图2-22所示。

图2-22　实验现场

2.3.3　试验方法及数据分析

2.3.3.1　试验方法

第一步：试验平台构建以及环氧树脂试品制备；在试验之前，根据本项目所设计的试验原理搭建试验平台。试验中圆形环氧树脂材料的样品片直径为1300mm，厚度为4mm，随后用酒精将等待测试的环氧树脂样品表面清洗干净，再置于试验平台表面。

第二步：准备不同条件的环氧树脂片，及通过小刀在环氧树脂表面分别刮出1mm、5mm、1cm、2cm、4cm的划痕，通过温湿度检测仪保持试验环境温度和湿度保持不变。分别将不同划痕的环氧树脂片接在电极两端，且改变电极的间隙。

第三步：在实验电源使用之前做好安全检查，确保试验人员的安全及设备的绝缘安全，然后通过实验电源接入电压，并记录不同条件下环氧树脂片的放电电压大小。

2.3.3.2 试验结果及数据分析

划痕越严重、表面喷置盐密越大染污液的环氧树脂表面进行放电实验之后，会产生更加明显的放电现象，如较明显的电流放电声以及电弧更加剧烈发生燃烧现象，环氧树脂样片放电现象如图2-23所示，在12次谐波作用下不同情况下环氧树脂片的放电电压大小如表2-4所示，影响规律如图2-24所示。

图2-23　实验现场放电现象

表2-4　　　　　　　　　　　12次谐波下环氧树脂样片放电电压　　　　　　　　　　（kV）

电极距离	无划痕	1mm 划痕	5mm 划痕	1cm 划痕	2cm 划痕	4cm 划痕
2cm	10.1	5.1	4.6	3.8	3.2	2.6
4cm	12.2	6.5	5.8	5.4	4.3	3.5
6cm	14.8	8.3	7.9	7.3	6.3	5.4
8cm	16.7	10.5	10.3	10.2	8.7	6.4

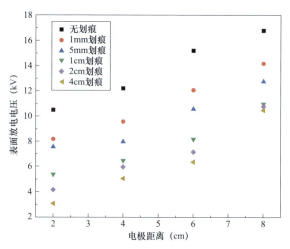

图2-24 12次谐波情况下放电电压大小分布图

通过模拟试验发现，在12次谐波高压的作用下，随着绝缘材料表面划痕长度的增加，环氧树脂表面放电电压降低，划痕达4cm时，放电电压约为正常时的58%，更容易出现放电现象。

通过实验电源添加不同的电压类型，分别加载直流电压和24次谐波电压，得到不同的放电电压大小如表2-5、表2-6、图2-25和图2-26所示。

表2-5　　　　　　　　　　直流情况下环氧树脂样片放电电压　　　　　　　　　（kV）

电极距离	无划痕	1mm 划痕	5mm 划痕	1cm 划痕	2cm 划痕	4cm 划痕
2cm	24.9	21.8	18.7	15.3	12.7	9.6
4cm	27.3	24.6	21.4	18.2	15.9	12.3
6cm	29.4	26.8	24.1	21.5	17.8	14.3
8cm	31.1	28.5	25.6	22.1	18.3	16.8

表2-6　　　　　　　　　　　24次谐波情况下的放电电压　　　　　　　　　　　（kV）

电极距离	无划痕	1mm 划痕	5mm 划痕	1cm 划痕	2cm 划痕	4cm 划痕
2cm	33.4	30.5	27.6	24.3	21.6	18.2

电极距离	无划痕	1mm 划痕	5mm 划痕	1cm 划痕	2cm 划痕	4cm 划痕
4cm	35.6	32.4	29.8	26.3	23.7	20.8
6cm	37.7	34.2	31.4	28.6	24.1	21.2
8cm	39.4	36.3	33.7	29.9	27.1	24.5

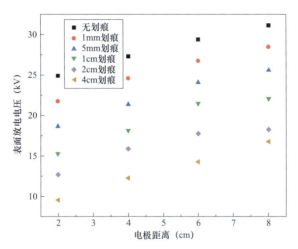

图 2-25　直流情况下放电电压大小分布图

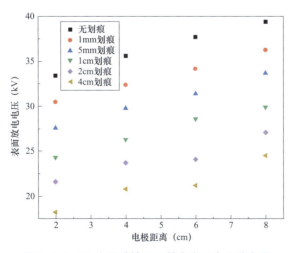

图 2-26　24 次谐波情况下放电电压大小分布图

通过试验数据及试验现象可以看出：12 次谐波对环氧树脂表面放电的影响最大；随着裂痕的长度的增加，环氧树脂表面放电电压降低；且随着电极放电距离的增大环氧树脂放电电压逐步降低，更容易被击穿。因此在平波电抗器运行当中要尽量避免电抗器表面环氧树脂裂痕的产生，且建议定期检查电抗器环氧树脂表面，防止因裂痕产生而导致电抗器表面环氧树脂材料放电，从而避免电抗器故障。

随着环氧树脂表面染污液盐密的升高以及电极距离的增大，其表面放电电压逐渐减低。当电极距离为 2cm 时，染污了的环氧树脂放电电压下降了40%，且随着电极距离的增大环氧树脂放电电压下降程度也增大，这使得电抗器在运行会更容易被击穿，从而发生故障。

由此可见，平波电抗器包封绝缘的表面状况对其表面放电有重要影响，户内运行的平波电抗器的运行环境温湿度、环境粉尘积累等因素是影响其放电的关键因素。

3 干式空心电抗器在线监测技术

3.1 基于特征气体检测技术的干式空心电抗器绝缘故障在线监测技术

3.1.1 基于特征气体检测技术的干式空心电抗器绝缘故障在线监测原理

3.1.1.1 干式空心电抗器环氧树脂过热特性

660kV 干式空心电抗器在额定电压正常运行时各包封最高温度范围为75~85℃，当电抗器内部绝缘异常发热时，局部温度升高。干式空心电抗器的绝缘材料主要由环氧树脂浸渍的玻璃纤维组成，该成分耐热等级偏低且防潮性能不强。一般电抗器用环氧树脂的耐温等级为 F 级，连续使用时的耐热温度为 155℃，具有可燃性，过热燃烧后的主要产物为含碳化合物。当温度高于155℃时，环氧树脂会氧化分解，当温度超过 210℃时，环氧树脂会快速裂解。干式空心电抗器中其他部分的组成材料，如绕组、玻璃纤维及聚酯薄膜等耐高温性能较强且不会产生气体成分。

相关环氧树脂热解裂试验研究显示，将环氧树脂（EPON828）72g 加入30g 顺丁烯二酸酐，在 60~70℃时均匀混合，去除气泡，在 70℃时加热 3h，在 120℃加热 3h，然后在 200℃下分别进行热处理 2、4、6、8h，用失重分析法以及差热分析法对上述样品进行研究分析。试验结果显示，随着热处理时间的增长，环氧基团裂解异构化的放热量由大变小，直至消失，表明固化反应随着时间的增长趋于完全。固化反应开始向外界放热，至 80℃时开始吸热，这与环氧树脂的玻璃化温度相符，达到 120℃时开始放热，直至 210℃，且放热程度随着固化趋于完全而减少，此过程也就是二次固化，在此过程中环氧树脂的重量并未发生变化。从210℃起，热谱线变平，而逐渐转向吸热，环氧树脂重量开始下降，即环氧树脂开始裂解，且随着温度的升高裂解温度快速增大，至400℃时，裂解深度约为60%。裂解生成的主要产物有CO、CO_2、环氧乙烷、乙醛、异丙醇等含碳有机物。环氧树脂样品在不同温度条件下恒温加热试验后气体的检测结果如表3-1所示。

表3-1 　　　　　　　　　　恒温加热4h后气体的组成和含量

试验温度 （℃）	CO （μL·L⁻¹）	CO_2 （μL·L⁻¹）	CO、CO_2 总含量 （μL·L⁻¹）	H_2 （μL·L⁻¹）	CH_4 （μL·L⁻¹）
100	4.3	85.8	90.1	0	0
110	35.8	63.6	99.4	0.7	0
120	31.9	67.3	99.2	0.7	0
130	25.7	73.7	99.4	0.6	0
140	12.8	86.2	99.0	1	0
150（4h）	27.6	71.2	98.8	0.7	0.4
150（8h）	27.2	71.7	98.9	0.5	0.6
160	28.7	70.6	99.3	0.7	0
170	14.7	84.6	99.3	0.6	0
180	16.6	82.3	98.9	0.8	0.3

　　环氧树脂样品加热后能产生CO_2，但是由于空气中CO_2含量较大，CO_2的检测值受空气扩散影响较大。考虑到环氧树脂样品受热分解后会产生多种含碳化合物，采用TVOC检测仪对环氧树脂样品加热后的空气进行检测，找出环氧树脂样品加热后生成的TVOC含量值与加热时间和加热温度之间的关系。其中TVOC的定义是：除了CO、CO_2、H_2CO_3、金属碳化物、碳酸盐以及碳酸铵外，任何参与大气中光化学反应的含碳化合物，主要包括苯类、烷类、芳烃类、烯类、卤烃类、酯类、醛类及酮类等有机挥发物。对比TVOC含量值和CO_2含量值与温度之间的关系，TVOC变化规律更为明显，可作为检测的特征气体。

3.1.1.2 环氧树脂产生 TVOC 测量试验

试验时分别对环氧树脂样品进行恒温加热，试验温度从 100℃ 逐渐增加至 300℃，每个加热温度下进行三组重复性试验，取三组试验测量到的 TVOC 的平均值作为该温度下环氧树脂样品加热后检测到空气中的 TVOC 含量值，试验检测到的结果如图 3-1 所示。

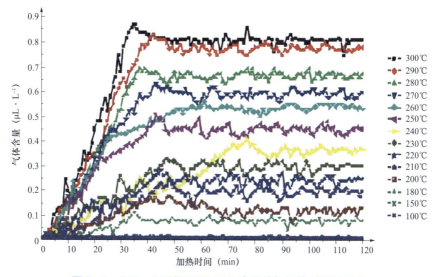

图 3-1　200～300℃下 TVOC 含量值与加热时间的关系

由图 3-1 可以看出，试验所测得的 TVOC 含量值与双酚 A 型环氧树脂样品的加热温度和时间有关。在双酚 A 型环氧树脂样品的耐热温度内，即加热温度为 100～155℃ 时，环氧树脂样品加热产生的 TVOC 含量值基本为零，当加热温度为 160～200℃ 时，环氧树脂样品加热后产生少量的含碳化合物，检测仪测得的 TVOC 含量值低于 0.20μg/L，当加热温度为 210～300℃ 时，环氧树脂样品加热后产生较多的含碳化合物，检测仪测得的 TVOC 含量值大于 0.20μg/L，且 TVOC 含量值随加热温度的升高而增加。

由图 3-1 还能得出，加热温度越高，环氧树脂样品分解产生 TVOC 的速率越快，这是因为加热温度越高，环氧树脂样品的分解速率越快。在不同加热温度下，当环氧树脂样品受热一定时间以后，TVOC 检测仪检测到的 TVOC 含量值均是先增加后达到饱和，TVOC 含量值趋于饱和可能是 TVOC 的产生速率与空气的扩散速率相等造成的。

在相同条件下，对比双酚 A 型环氧树脂样品因受热而产生的 TVOC 含量值的变化规律与 CO_2 含量值的变化规律，TVOC 含量值随加热温度的增加有明显的增长趋势，每个加热温度下的 TVOC 含量值都有一个明显的饱和值，TVOC 含量受空气的影响更小。可以通过监测双酚 A 型环氧树脂样品因受热而产生的 TVOC 含量值来判断干式空心电抗器的过热故障情况。

3.1.2 气体传感器的选型及布置方案

3.1.2.1 气体传感器的选型

TVOC 传感器说明：TVOC 传感器采用先进的半导体气敏元件，该传感器对甲醛、苯、酒精、烟味、一氧化碳等有机挥发气体具有极高的灵敏度，经过精确的自动化标定、检测设备，保证了数据的一致性的良好，采用独特的纳米材料膜片防水、防油、防尘。传感器技术指标如表 3-2 所示，交叉干扰气体测试列表如表 3-3 所示。

表 3-2　　　　　　　　　　　传感器技术指标表

电气参数	技术指标
检测类型	甲醛、苯、酒精、烟味、一氧化碳等有机挥发气体
检测范围	TVOC：$0 \sim 5000 \mu g/m^3$
	甲醛：$0 \sim 1500 \mu g/m^3$
	二氧化碳：$400 \sim 5000 \times 10^{-6}$
分辨率	$0.001 mg/m^3$ 或 1×10^{-6}
检测精度	最大误差 $\leqslant 10\%$
	数据批量一致性 $\geqslant 90\%$
稳定时间	5s
检测频率	数据每秒更新 1 次

表 3-3　　　　　　　　　　交叉干扰气体测试列表

气体	相对灵敏度
CO	1%
H_2S	无数据

气体	相对灵敏度
H_2	0.1%
SO_2	12%
NO_2	无数据
NO	无数据
Cl_2	−3%
C_2H_4	0
NH_3	0
CO_2	0
乙醇、甲醇	50%
酚类	7%
水汽	0

3.1.2.2 布置方案

由于电抗器自然对流散热，下部为空气入口上部为空气出口，当环氧树脂材料分解时 TVOC 气体会向上部逸散。因此将 TVOC 气体监测系统装置固定在包封上部，实时监控逸散至上部的 TVOC 气体含量（见图 3-2）。

图 3-2 气体传感器布置图

3.1.2.3　气体传感器测试实验

要实现对在线监测系统对电抗器特征气体量的准确判定，要对装置气体传感器进行数据测试。进行环氧树脂过热分解模拟实验，对实验数据进行分析。在电抗器上部位置均匀布置四个气体传感器，分别标记为 1、2、3、4 号（见图 3–3）；在包封不同位置进行模拟环氧树脂分解热实验，探究气体传感器的数值变化情况。

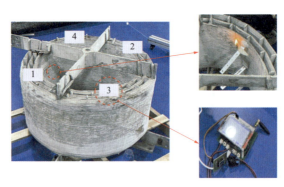

图 3–3　模拟实验图

1 号传感器下方的故障点命名为第 1 点，2 号传感器下方的故障点命名为第 2 点，3 号传感器下方的故障点命名为第 3 点，4 号传感器下方的故障点命名为第 4 点，在距离电抗器 2m 处设置一故障点，命名为第 5 点，各故障点分解的材料量相同。将各传感器检测到的 TVOC 含量最大值记录在表 3–4 中。

可以观察到：①正常情况下，TVOC 含量稳定在 220μg/m³ 左右，在 225μg/m³ 以内；②在出现过热分解情况时，TVOC 的含量会增加，体传感器距离故障点越近，测得的 TVOC 值越大，特别是靠近故障点的地方，TVOC 含量几乎是正常情况下的 2 倍；非故障点附近的气体传感器 TVOC 值也出现了增长；③当电抗器未发生故障，但周围环境意外状况使得空气中 TVOC 含量增加，各 TVOC 气体含量较正常时有较大增长，但不超过 280μg/m³。

表 3–4　　　　　　　　　　传感器检测的 TVOC 含量　　　　　　　　　　(μg/m³)

故障情况	1 号传感器	2 号传感器	3 号传感器	4 号传感器
正常情况下	220	221	223	220
第 1 点故障时	421	305	322	332
第 2 点故障时	306	417	352	349

故障情况	1号传感器	2号传感器	3号传感器	4号传感器
第3点故障时	324	331	436	311
第4点故障时	316	320	297	428
第5点故障时	272	266	276	259

3.2　基于光纤温度监测技术的干式空心电抗器绝缘故障在线监测技术

3.2.1　基于温度监测技术的干式空心电抗器绝缘故障在线监测原理

3.2.1.1　干式空心电抗器的热点温度预测方法

在干式空心电抗器的运行过程中，温升是影响其绝缘材料老化的主要原因，同时也是检验干式空心平波电抗器长期稳定运行的重要设计指标之一。干式空心电抗器的各种电流损耗是电抗器温升产生的最主要热源，因其绕组结构和杂散电容等原因，会导致电压和温度分布的不均，在局部位置形成温度的极值点，简称热点。热点位置和温度决定了其绝缘设计和散热结构。得到干式空心电抗器的热点温度和各种电流损耗之间的映射关系，准确地得到电抗器的热点温度对干式空心电抗器的优化设计，有效监测电抗器温升以及预防过热故障具有重要指导意义。

（1）干式空心电抗器热点温度预测模型。为了能准确预测干式空心电抗器的热点温度，提出干式空心电抗器的热点温度预测方法，该方法以 BP 神经网络模型为基础，采用遗传算法（genetic algorithm，GA）对 BP 神经网络模型进行优化，建立 GA-BP 神经网络干式空心电抗器热点温度预测模型。电抗器热点温度预测模型的具体训练步骤为：

1）通过干式空心电抗器温升试验，获取环境温度 H、干式空心电抗器输入直流电流 I_z、典型谐波电流 I_{L1}、I_{L2}、I_{L3}、电抗器本体最外层上、中和下三处器壁温度 I_{q1}、I_{q2} 和 I_{q3}，作为输入量，通过平波电抗器温升试验测得的电抗器热点温度，作为输出量，训练得到基于 GA-BP 神经网络的电抗器热点温度预测模型。

2）基于 GA–BP 神经网络的电抗器热点温度预测模型中的 GA 算法的 4 个运行参数取值范围如下：种群规模取 20～100；进化次数取 100～500；交叉概率取 0.4～0.9；变异概率取 0.01～0.03。

3）基于 GA–BP 神经网络的电抗器热点温度预测模型中的 BP 神经网络采用三层结构：

a. 输入层节点数为 8，分别对应输入量的环境温度 H、平波电抗器输入直流电流 I_z、典型谐波电流 I_{L1}、I_{L2}、I_{L3} 电抗器本体最外层上、中、下三处器壁温度 I_{q1}、I_{q2}、I_{q3}。

b. 输出层节点数为 1，对应电抗器热点温度值。

c. 隐含层节点数的根据经验式 $h=\sqrt{(u+v)+w}$, $w\in[1, 10]$ 进行试凑，式中 h、u、v 分别代表隐含层、输入层和输出层的节点数。

4）隐含层节点数为 9。

5）电抗器热点温度预测模型训练时，包括以下步骤：

a. 数据样本归一化：在建立 BP 神经网络模型前对训练集和预测集样本归一化到 ［0，1］ 区间，计算公式为 $x'=[x-\min(x)]/[\max(x)-\min(x)]$，式中 x 和 x' 分别为归一化前、后的值。

b. GA 优化 BP 神经网络模型。将训练集样本作为控制量仿真，进行二进制编码并创建初始种群，将在交叉验证意义下训练集的 MSE（均方误差）作为 GA 的适应度函数并对适应度定标；进行选择、交叉、变异操作，判断是否满足终止精度或当前迭代次数是否等于最大迭代次数，若满足则解码输出，否则重新进行遗传操作，将训练集训练得到的模型对预测集样本回归预测并对数据反归一化处理。

（2）干式空心电抗器热点温度预测方法。干式空心电抗器由 n 个同轴包封组成，每个包封都是由一根或多根并联的换位导线绕制而成；每根换位导线都是由多股单丝圆导线组合而成；包封之间由气道和撑条间隔，撑条起固定作用，气道则用来提高电抗器的散热性能。一般来说，流过干式空心电抗器的直流电流和各次谐波电流由其所在系统条件决定，即给定的干式空心电抗器设计输入条件；而干式空心电抗器各层包封的设计则决定了电流在各层包封中的分布。电流损耗是平波电抗器的主要损耗，因此可以通过建立相关特征电流与电抗器热点温度之间的拟合关系进而建立基于 GA–BP 神经网络热点温度预测模型。基于以上分析，提出干式空心电抗器的热点温度预测方法，主要步骤有：

1）获取环境温度 H、平波电抗器输入直流电流 I_z、典型谐波电流 I_{L1}、I_{L2}、I_{L3}、电抗器本体最外层上、中和下三处器壁温度 I_{q1}、I_{q2} 和 I_{q3}。

2）输入电抗器热点温度预测模型。

3）输出预测得到的对应的电抗器热点温度。

其中，电抗器热点温度预测模型，通过以下步骤训练得到：通过平波电抗器温升试验，获取环境温度 H、平波电抗器输入直流电流 I_z、典型谐波电流 I_{L1}、I_{L2}、I_{L3}、电抗器本体最外层上、中和下三处器壁温度 I_{q1}、I_{q2} 和 I_{q3}，作为输入量，通过平波电抗器温升试验测得的电抗器热点温度，作为输出量，训练得到基于 GA–BP 神经网络的电抗器热点温度预测模型。其详细步骤流程图见图 3–4。

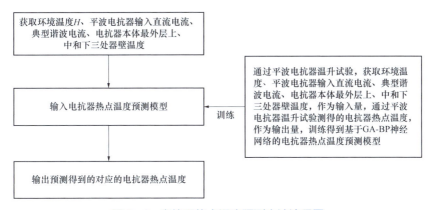

图 3–4　电抗器热点温度预测方法流程图

结合前文平波电抗器温度场仿真，得到电抗器在不同环境温度下的热点温度。利用电抗器热点温度预测模型，在算法中输入电抗器环境温度 H、直流电流 I_z、谐波电流 I_{L1}、I_{L2}、I_{L3}、最外层上中下三处器壁温度 I_{q1}、I_{q2} 和 I_{q3}，得到对应预测的电抗器热点温度。将预测热点温度与仿真分析得到的热点温度进行比较，判断该热点温度预测模型是否可行。误差结果如表 3–5 所示。

表 3–5　　　　　　　　　　热点温度预测模型误差

环境温度（℃）	预测热点温度（K）	仿真结果（K）	误差
−10	343.365	342.851	0.15%

环境温度（℃）	预测热点温度（K）	仿真结果（K）	误差
-5	345.610	345.334	0.08%
0	347.595	347.908	-0.09%
5	350.973	350.517	0.13%
10	353.541	353.188	0.1%
15	355.531	355.922	-0.11%
20	359.435	358.718	0.12%
25	361.973	361.576	0.11%
30	364.839	364.511	0.09%
35	367.059	367.499	-0.12

由表 3-5 可得平波电抗器热点温度预测模型预测的热点温度较实际热点温度相比误差都小于 0.15%，准确性和可行性较高，可有效监测电抗器温升以及预防过热故障。

3.2.1.2 基于拉曼散射的分布式光纤测温原理

当激光发射器产生的光在光纤中传输时，光脉冲与光纤中的分子相互作用而发生散射，发生的散射光包含多种类型。其中拉曼散射是由于光纤中分子的热振动与光脉冲相互作用发生能量交换而产生的，因此拉曼散射光的强度与温度有关，对温度变化敏感，利用拉曼散射中的斯托克斯光和反斯托克斯光可以推算出光纤所处外部温度。当测温光纤所处外部环境温度为 T 时，在测温光纤 L 处的斯托克斯散射光功率为 P_s，反斯托克斯散射光功率可表示为 P_a，将 P_s 和 P_a 作比，可得到关于温度 T 的函数，进一步推导计算即可得出光纤上距离为 L 处的温度值 T，即

$$\frac{1}{T} = \frac{1}{T_0} - \frac{k}{h\Delta\gamma}\ln\frac{P_u(T)P_s(T_0)}{P_u(T_0)P_s(T_0)} \tag{3-1}$$

式中：h 为普朗克常数；k 为波尔兹曼常数，T_0 为初始温度。

由式（3-1）可知，反斯托克斯散射光被斯托克斯散射光解调，可推导出光纤上距离为 L 处的温度 T 的函数，通过该函数即可计算出光纤沿线的温度值。

光在光纤中传输，光纤中各点会产生后向散射光，光纤中光的传输方程为

$$L=\frac{1}{2}vt=\frac{1}{2}\frac{c}{n}t \qquad (3-2)$$

式中：c 为真空中光的传输速度；t 为光进入光纤时开始计时，到接收到返回的散射光的时间，实际中光在玻璃中的传输速度比真空中慢；n 为光纤的折射率。

分布式光纤测温装置光路构架图如图3-5所示。

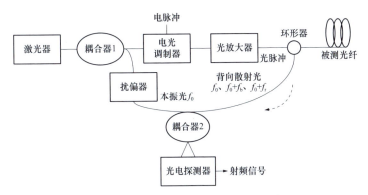

图 3-5　分布式光纤测温装置光路构架

光纤对温度变化敏感，且基于拉曼散射原理可得出光纤上距离为 L 处的温度值 T。可以通过利用光纤监测平波电抗器的包封温度，有效监测电抗器运行状态，避免发生过热性故障。

3.2.2　无线温度传感器的布置方案

考虑不同型号电抗器的实际运行情况、现场实际布置的难易程度以及在运电抗器的安全状况，光纤布置方式会有所不同。针对不同型号电抗器，根据实际情况，提出以下几种不同的光纤布置方式。

3.2.2.1　全线布置方式

该布置方式主要是针对电抗器尺寸与包封数量较少的小型电抗器。因电抗器尺寸较小，所以对其全线布置时难度较小，且该种布置方式能够全面检测到电抗器包封的整体温度，较为全面地提取在运电抗器的整体温度分布情况，全线布置纵向布置俯视图如图3-6所示，全线布置轴向布置俯视图如图3-7所示。

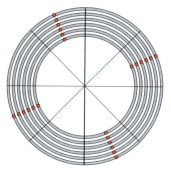

图 3-6　纵向布置俯视图

图 3-7　轴向布置截面图

3.2.2.2　最外层缠绕方式

该布置方式主要针对电抗器尺寸与包封数量较多的大型电抗器。因电抗器尺寸较大且包封数量较大，若为在运电抗器，全线布置方式难度较大。因此根据以上研究得出的电抗器最外层包封易发生故障的结论，且通过检测最外层温度变化也能得到电抗器里层包封的温度情况，提出最外层缠绕方式。采用该布置方式时，能够通过监测电抗器最外层包封从而达到监测电抗器温度整体变化情况，最外层缠绕方式现场布置图如图 3-8 所示。

将光纤缠绕在电抗器的包封外表面，以此感应电抗器运行时的温度变化情况。在干式空心电抗器的设计中，光纤被紧贴在包封的外表面上，并沿着横向进行绕制。为了实现温度监测，采用了三根光纤进行测温，它们横向 360° 的围绕在包封外侧。在这种设计中，三根光纤分别位于包封的上、中、下三个部位。同时三根光纤在系统中将会被分为 1～3 号，从而分别对应包封的 3 个部位。

图 3-8 电抗器现场布置图

3.2.2.3 风道口布置方式

该布置方式主要针对电抗器尺寸较大但包封数量较少的大型电抗器，通过监测电抗器风道口温度来间接监测电抗器整体的温度变化情况，且考虑到光纤的布置难易程度，针对包封较少的情况，可以采用该布置方式。提出的风道口光纤测温布置原理主要通过仿真模拟进行验证。

（1）电抗器风道口测温仿真。以某变电站内干式空心电抗器为研究对象，经过划分网格、施加边界条件后，可得到在电抗器正常运行的温度场分布，如图 3-9 所示。由图 3-9 可以看出，电抗器由下往上温度逐渐升高，这是由于热量随气流上升，使得上部温度较下部要高。

对电抗器的过热故障统计分析可知，故障热点一般会出现在包封外层中上部位置，故在电抗器第 20 层包封

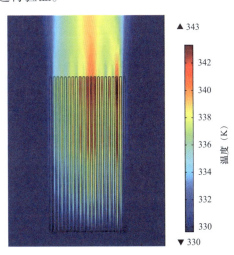

图 3-9 正常情况下风道口温度

上部 1/3 处设置故障热源，经过网格剖分后可完成温度场的计算，温度场分布如图 3-10 所示。

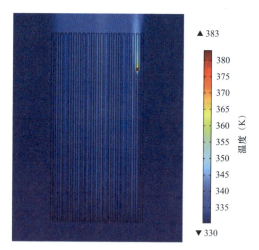

图 3-10　第 20 层 1/3 处故障

对比图 3-9 和图 3-10 可知，当出现过热故时，热点附近温度明显上升，且过热点位置越高，电抗器温度越高，过热点上方风道口温度也越高。且图 3-10 中的故障情况下电抗器上部径向温度曲线如图 3-11 所示。

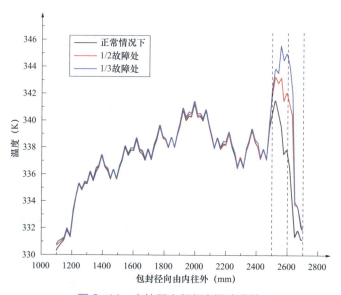

图 3-11　电抗器上部径向温度曲线

综上分析，由电抗器上风道口的温度变化情况可判断出电抗器是否存在过热性故障，在此基础上提出了一种干式空心电抗器分布式光纤测温布置方法，该布置方法可对电抗器风道口的温升状况进行实时监测，从而反映电抗器整体温度的变化情况。

（2）风道口布置方案。具体布置步骤：将光纤从干式空心电抗器外侧的包封上方任意处出发，沿着最外侧包封和次外侧包封之间的气道悬空布置，并沿途绕过间隔板，然后以往复盘绕方法以此向里面的气道进行铺设，直到所有气道铺设完成，光纤风道口布置方式俯视图如图 3-12 所示。

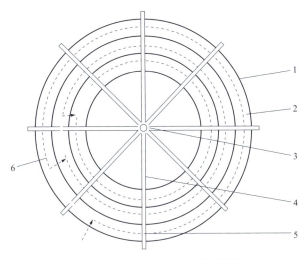

图 3-12　光纤的布置方式俯视图

1—包封；2—气道；3—星形架；4—星架臂；5—间隔板；6—测量光纤

考虑到分布式光纤测温的空间分辨率为 0.5m，测温精度为 ±1℃，温度分辨率为 0.1℃，定位精度为 0.5m。若直接将光纤在包封出口面沿风道口直线布置。当某个风道口出现过热故障时，由于其对应的有效测温传感光纤长度仅为 10~12cm，因此测得的故障部位风道口的温度会较实际值产生较大误差；同时由于测温系统的空间分辨率约 0.5m，因此可能出现测点并未落在故障部位上部风道口范围内，造成对过热部位的 3~4 个风道口的定位偏差。

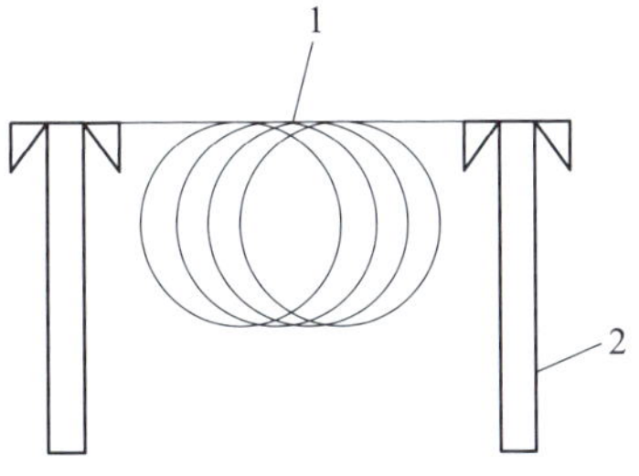

针对传感光纤直接铺设存在的上述问

图 3-13　包封之间光纤的布置方式

1—测量光纤；2—撑条

题，提出如图 3-13 所示的环状的传感光纤铺设方式，即对应测温主机 0.5m 的空间分辨率，沿每层风道将光纤绕制成长度为 0.5m 的圆环绕组，从而在风道口局部增加传感光纤测量长度，因此能够保证测温、定位精度。

3.3 基于联合检测的干式空心电抗器绝缘故障综合诊断和状态评估系统

3.3.1 技术方案

干式空心电抗器发生过热故障包封局部温度升高时，绝缘材料环氧树脂会过热分解产生特征气体 TVOC，通过监测电抗器包封周围空气中 TVOC 含量，能判断电抗器是否发生过热故障，从而达到监测电抗器的运行情况。

在额定运行状态下，干式空心电抗器包封温度最大值不超过 95℃。当干式空心电抗器发生过热故障时，电抗器的故障区域包封温度上升。通过对包封温度进行监测可以判断电抗器的运行状态。

综合非接触式特征气体测试和温度监测对干式电抗器进行综合监测，是技术上的一种进步，从多方面、多角度对电抗器运行状态进行监测。

图 3-14 为传感器的设计方案，其中：电源由电池和电源控制部分组成；充电控制单元对电池进行充电控制，防止电池过充；采用耐高温蓄电池；电源控制单元起节省电能、防止电池过度放电的作用。

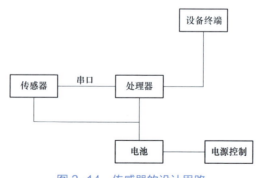

图 3-14 传感器的设计思路

3.3.2 设备选择

3.3.2.1 壁挂式分布式光纤测温系统

该系统（见图3-15）由测温主机、用户软件、测温光缆、机柜组成，它采用先进的OTDR技术和Raman散射光对温度敏感的特性，探测出沿着光纤不同位置的温度变化，实现真正分布式的测量。线型光纤差定温火灾探测器除了及时预警火灾隐患外，还能精确定位火灾发生位置。作为一种成熟的分布式测温手段，线型光纤差定温火灾探测器具有测量距离远、测量精度高、响应速度快、抗电磁干扰、适于易燃易爆等危险场所等优点，可广泛应用于高压电缆在线监测、电力载流量分析、交通隧道火情监测、油气储罐火情监测、输煤皮带火情监测、大坝渗漏监测等领域。

图3-15 壁挂式分布式光纤测温系统

3.3.2.2 光纤

DTS的温度测量基于自发拉曼散射效应。大功率窄脉宽激光脉冲LD入射到传感光纤后，激光与光纤分子相互作用，产生极其微弱的背向散射光，散射光有三个波长，分别是Rayleigh（瑞利）、anti-stokes（反斯托克斯）和stokes（斯托克斯）光；其中anti-stokes温度敏感，为信号光；stokes温度不敏感，为参考光。从传感光纤背向散射的信号光经再次经过分光模块（波分复用滤光片，wavelength division multiplexing filter，WDMF），隔离Rayleigh散射光，透过温度敏感的anti-stokes信号光和温度不敏感的stokes参考光，并且由同一探测器（雪崩光电二极管，avalanche photo diode，APD）接收，根据两者的光强比值可计算出温度。而位置的确定是基于光时域反射（optical time-domain reflectometer，OTDR）技术，利用高速数据采集测量散射信号的回波时间即可确定散射信号所对应的光纤位置。光纤实物如图 3-16 所示。

图 3-16　测量用光纤

3.3.2.3　软件

软件的主界面由 6 个区位组成，其中第 1 区位包括设备连接、显示设置、权限管理、设备配置、运行记录和技术支持主菜单模块；第 2 区位显示当前光纤测温通道；第 3 区位为温度曲线显示主界面，根据光纤通道可以选择全显示与部分通道显示；第 4 区位包括设备运行状态显示；第 5 区位为设备连接状态显示，通常分为设备连接正常与设备连接中断两种状态；第 6 个区位为运行过程中的提示信息。

3.3.2.4　TVOC 气体传感器

TVOC 传感器采用先进的半导体气敏元件，对甲醛、苯、酒精、烟味、一氧化碳等有机挥发气体具有极高的灵敏度，经过精确的自动化标定、检测设备，保证了数据的一致性的良好，采用独特的纳米材料膜片，防水、防油、防尘。

3.3.3　系统方案

3.3.3.1　设备布置方案

对于在运电抗器，全线布置方式、风道口布置方式难度较大。且由上述研究结果可知，电抗器最外层包封电位梯度最大，位移也最明显，由此确定最外层包封属于绝缘薄弱处。同时对电抗器最外层包封上、中、下部不同位置进行故障仿真，发现包封上部故障时温度波动最大。

故该联合检测系统最终光纤检测采用最外层缠绕布置方式，且需重点关注最外层包封上部位置；气体检测选择将传感器布置在电抗器上部。图 3-17 为基于联合检测的平波电抗器绝缘故障综合诊断和状态评估系统布置图。

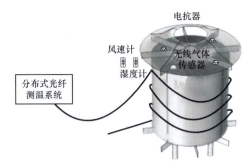

图 3-17　基于联合检测的平波电抗器绝缘故障综合诊断和状态评估系统布置图

3.3.3.2　布置方式安全性验证

通过磁场与电场仿真，验证光纤不会影响电抗器的正常运行。在仿真建模时在电抗器最外层加上三圈光纤，设置为光纤材料，得出电抗器设置光纤前后的磁场与电场情况。电抗器磁场分布情况如图 3-18 所示。

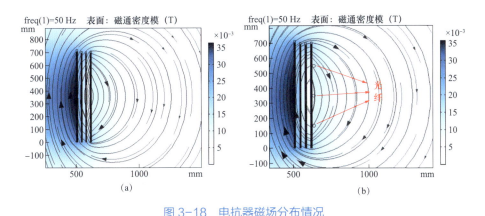

图 3-18　电抗器磁场分布情况

（a）无光纤布置时电抗器磁场分布；（b）有光纤布置时电抗器磁场分布

由磁场分布结果可知，最外层缠绕光纤的布置方式不会对电抗器的磁场产生影响。

电抗器电场分布情况如图 3-19 所示。由电场分布结果可知，最外层缠绕光纤的布置方式不会对电抗器的电场产生影响。综合电抗器磁场与电场仿真结果可知，光纤的安装对电抗器运行不会产生影响。

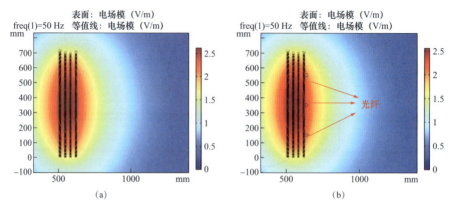

图 3-19 电抗器电场分布情况

（a）无光纤布置电抗器电场分布；（b）有光纤布置时电抗器电场分布

3.3.4 故障判别的判据

根据 DL/T 664《带电设备红外诊断应用规范》可知干式空心电抗器缺陷诊断判据。本系统采用光纤传输温度，为探究光纤和红外测温差异，分别利用红外测量仪和光纤测温系统进行测温，测温数据如表 3-6 所示。

表 3-6　　　　　　　　　　　　测温数据　　　　　　　　　　　　（℃）

设置温度	红外测量仪温度	光纤系统温度	红外与光纤测温误差
10	10.2	10.1	0.1
15	14.3	14.7	0.4
20	20.3	19.8	0.5
25	24.8	25.1	0.3
30	30.2	29.9	0.3
35	34.8	35.2	0.4

由表 3-6 可知，红外测量仪和光纤测温系统所测温度相差较小，基本对应。

（1）正常状态。由上述温度场的仿真结果可得，当电抗器处于正常运行状态时，最高温度为85℃，此时环氧树脂材质未达到发生分解条件，不会额外分解TVOC气体。

因此当光纤测点温度T不高于85℃，且气体传感器检测TVOC含量不高于255μg/m³时，能够通过温度和气体传感器故障检测，此时评估为正常状态。

（2）预警状态。按照规定，相对温差δ不低于35%但热点温度未达到严重故障温度值时，判定为一般故障。计算得到δ为115℃，在85℃＜T≤115℃时，气体传感器检测到的TVOC含量不超过255μg/m³。此时并未达到一般故障，判定为预警状态。

（3）一般缺陷。当TVOC含量不超过255μg/m³，光纤测量的温度为（115℃，130℃）时，TVOC含量较低是因为电抗器温度未达到绝缘材料分解的温度，但温度已达到规定的限值。此时系统将其判断为一般缺陷。

（4）严重缺陷。当TVOC含量为（255μg/m³，420μg/m³］时，检测到TVOC含量变化，说明环氧树脂已开始分解；当光纤测量的温度为［130℃，155℃）时，光纤温度已达到规定的严重缺陷判断值。这两种情况时，系统将其判断为严重缺陷。

（5）紧急缺陷。当TVOC含量超过420μg/m³时，环氧树脂快速分解产生大量TVOC气体；当光纤测量的温度不低于155℃时，光纤温度已达到规定的紧急缺陷判断值。这两种情况时，系统将其判断为紧急缺陷。

故障综合诊断和状态评估系统的分级预警如表3-7所示。

表 3-7　　　　　　　　故障综合诊断和状态评估系统的分级预警

气体传感器检测到的 TVOC 含量（μg/m³）	光纤检测温度 T（℃）	警报等级
≤ 255	T ≤ 85℃	正常状态
≤ 255	85℃ ＜ T ≤ 115℃	预警状态
≤ 255	115℃ ≤ T ＜ 130℃	一般缺陷
（255，420］	130℃ ≤ T ＜ 155℃	严重缺陷
＞ 420	155℃ ≤ T	紧急缺陷

3.3.5　系统的功能设计

干式空心电抗器发生过热故障，包封局部温度升高时，绝缘材料环氧树脂会过热分解产生特征气体 TVOC，本系统可共同监测电抗器本体温度和包封周围空气中 TVOC 含量，通过两种物理量的综合分析判断电抗器处于何种运行状态，并判断电抗器是否发生过热故障，从而达到监测电抗器的运行情况。

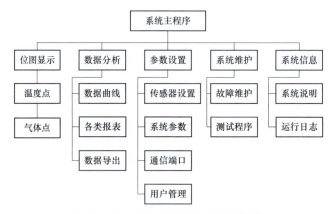

图 3-20　分析管理软件功能结构图

分析管理软件的结构图如图 3-20 所示，各模块功能如下。

（1）位图显示：在电抗器的模型图示上标注传感器的类型、运行状态和实测数据等信息。

（2）数据分析：对传感器上传的温度数据和特征气体数据进行分析处理，绘制包封温度图和特征气体含量曲线，当温度/气体数据超过预设警戒值时，生成可打印的报表。

（3）参数设置：设置无线传感器在设备位图上的接入接出，设置生成报表的类型，修改预设的警戒值等。

（4）系统维护：运行过程的一些错误信息记录，系统测试程序。

（5）系统信息：系统使用说明，及一些系统运行日志文件等。

将本系统应用于电抗器现场，测试其功能是否完善，测试流程为：

（1）将光纤缠绕在电抗器的包封外表面，以此感应电抗器运行时的温度变化情况。在干式空心电抗器的设计中，光纤紧贴在包封的外表面上，并沿着横向进行绕制。为了实现温度监测，采用了一根光纤进行测温，它们横向 360° 围绕在包封外侧。在这种设计中，一根光纤缠绕后分别位于包封的上、中、下三个部位。同时这根光纤在系统中将会被分为 1～3 号，从而分别对应包封的 3 个部位。加热带固定在 2 号光纤布置如图 3-21 所示。

（2）将加热带（故障模拟装置）分别固定在 1、2、3 号光纤上进行温度测量，观察当加热带加热至某固定温度时光纤测温系统能否准确反应温度，光纤温度测量现场布置如图 3-22 所示。

（3）将 TVOC 气体监测系统装置固定在包封上部，实时监控逸散至上部的 TVOC 气体含量，当环氧树脂材料燃烧时 TVOC 气体会往上溢，同时要精确计算环氧树脂材料的燃烧重量，点燃前用微型电子秤称重，燃烧后再次称重，计算出燃烧重量。TVOC 气体监测系统现场布置如图 3-23 所示。

图 3-21　加热带固定在 2 号光纤布置图

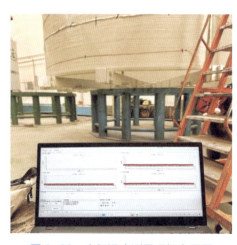 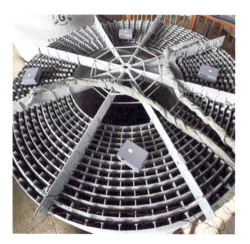

图 3-22　光纤温度测量现场布置图　　　图 3-23　TVOC 气体监测系统现场布置图

（4）记录现场的实验数据以及查询历史数据记录所需软件界面如图 3-24 所示。

图 3-24　干式平波空心电抗器联合监测系统界面图

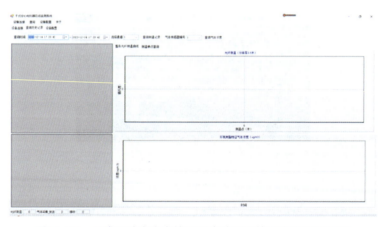

图 3-25　干式平波空心电抗器联合监测系统历史查询界面图

实验数据如下所示。

（1）不同光纤编号缠绕在最外层包封的不同部位（分别为上、中、下层）将加热带启动后，记录随时间变化的温度变化情况，见表 3-8。

表 3-8　　　　　　　　　　光纤测量温度随时间变化表

时间（min）	温度（℃）		
	编号 1	编号 2	编号 3
1	20.3	19.6	20.5
2	25.9	27.3	26.9

时间（min）	温度（℃）		
	编号 1	编号 2	编号 3
3	30.5	31.5	32.1
4	32.2	35.4	35.9
5	38.4	39.6	39.2
7	42.7	43.8	41.6
8	43.2	45.4	42.9
9	40.6	40.5	41.2

（2）将四个 TVOC 气体传感器放置 660kV 电抗器包封上部的四个方位，当环氧树脂分别在 1～4 号气体传感器附近燃烧时，记录随时间变化的气体浓度的变化情况，见表 3-9～表 3-12。环氧树脂燃烧如图 3-26 所示。

表 3-9　　　　　　　　1 号气体传感器附近燃烧气体浓度变化情况

时间（s）	气体浓度（mg/m³）			
	1 号	2 号	3 号	4 号
0	220	220	220	220
15	278	254	223	256
30	440	379	234	368
45	603	465	232	485
60	830	541	232	567
75	1052	598	243	599
90	1258	569	245	577
105	940	607	276	666
130	860	623	268	633

表 3-10　　　　　2 号气体传感器附近燃烧气体浓度变化情况

时间（s）	气体浓度（mg/m³）			
	1 号	2 号	3 号	4 号
0	220	220	220	220
15	251	279	234	223
30	345	466	366	212
45	435	621	444	234
60	564	854	516	222
75	577	1099	532	243
90	569	1288	565	245
105	637	938	612	245
130	626	877	624	267

表 3-11　　　　　3 号气体传感器附近燃烧气体浓度变化情况

时间（s）	气体浓度（mg/m³）			
	1 号	2 号	3 号	4 号
0	220	220	220	220
15	223	234	279	226
30	215	353	466	357
45	224	432	621	413
60	234	533	854	522
75	238	556	1099	544
90	239	597	1288	537
105	242	633	938	632
130	288	623	877	616

表 3-12　　　　　　4 号气体传感器附近燃烧气体浓度变化情况

时间（s）	气体浓度（mg/m³）			
	1 号	2 号	3 号	4 号
0	220	220	220	220
15	226	216	218	321
30	326	233	348	453
45	422	242	432	666
60	518	242	517	872
75	536	233	527	1156
90	528	245	527	1231
105	646	236	617	926
130	643	276	622	863

图 3-26　环氧树脂燃烧图

当对加热带进行恒定升温时，系统将会实时监测并显示，待加热带温度
稳定后，系统会准确反映光纤周围环境温度，即加热带温度。在进行 TVOC 气
体检测实验时，TVOC 传感器能够精确感应 TVOC 气体含量的变化，当点燃环
氧树脂产生气体时，系统界面能够灵敏反应 TVOC 气体浓度变化。

电抗器绝缘故障主要是由于匝间短路、局部过热和漏电起痕等原因引起。匝间短路通常由绝缘材料劣化、过热或制造缺陷导致，逐渐发展形成金属性短路，造成局部过热和可能的火灾。漏电起痕是亲水性环氧树脂外绝缘在潮湿环境下易形成水膜，导致表面泄漏电流增大，形成放电通道，严重降低绝缘性能。局部过热可能是由于金属辅件接触不良、载流面积不足或磁场作用下异常过热，以及电抗器本体由于匝间短路或断线问题导致的异常热点。这些故障均需通过有效的检测和维护措施来预防和处理，以确保电抗器的正常运行和电力系统的稳定，以下举出多个现场绝缘故障案例进行分析。

4.1 干式空心电抗器故障案例分析

4.1.1 某 35kV 干式空心并联电抗器故障案例分析

4.1.1.1 故障简介

2017 年 9 月 5 日 2 时 8 分，某 500 kV 变电站 1 组 35 kV 干式空心并联电抗器跳闸（过流 II 段动作），经运维人员检查，发现该电抗器 C 相顶部有明火，并伴有浓烟，现场立即对该故障设备进行隔离、灭火并报火警。5 时 20 分，设备明火完全扑灭，未造成负荷损失（见图 4–1）。故障发生时站内天气为阴天。

经现场检查电抗器 C 相已烧毁，电抗器融化溢出的铝水出现在 8～10 号包封下地面上。该位置的正上方为调匝环（见图 4–2）。保护测控装置显示 2 时 8 分 11 秒 400 ms，保护装置启动，506 ms 后过流 II 段动作，故障电流 I_a 为

0.78 A、I_b 为 0.72 A、I_c 为 1.27 A，保护动作正确。最近一次例行试验及近期红外测温未发现异常。

图 4-1　故障烧损的电抗器

图 4-2　故障烧损电抗器底部

4.1.1.2　故障原因分析

因为该故障电抗器 C 相已损坏，所以对 B 相返厂解体试验前进行出厂试验，包括直流电阻、电抗、损耗及匝间振荡耐压试验。试验数据未出现异常，其中测量损耗数据偏低于出厂值，原因是出厂试验周围环境为不锈钢围栏，实际试验周围为玻璃围栏，铁磁会造成一定损耗，属于正常现象。（出厂时环境温度 12 ℃，实际解体时环境温度 15 ℃）具体试验结果数据见表 4-1。

解体 B 相前试验结果

参数	实测值	出厂值	结论
电阻（Ω）	0.03886	0.03852	合格
电抗（Ω）	20.56	20.56	合格
测量损耗（W）	53372	59644	合格
脉冲振荡匝间绝缘试验（kV）	160	160	合格

通过使用切割机将电抗器最外层包封的部分进行切割检查，发现该断面层排列整齐、紧密、无异常、无受潮现象；同时对线圈内部铝线之间进行靠聚酰氰胺薄膜以及环氧树脂绝缘耐压试验，实测值均在 6000V 以上，符合现场绝缘规定。见图 4-3 和图 4-4。

图 4-3　解剖最外层线圈

图 4-4　线圈排列紧密无受潮

通过对电抗器生产时的导线出厂报告以及抽检报告进行检查，该导线均为合格产品。随机剪取调匝内环导线和线圈内导线，在烘箱内加热至 145 ℃，保持 45min，导线未出现颜色变化，耐压 5 kV，持续 1 min 通过，上升至 5.6 kV 时击穿，证明导线材质合格（见图 4-5），解剖调匝环见图 4-6，制作中的调匝环见图 4-7。

图 4-5　调匝环接入线圈部分

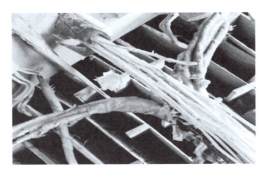

图 4-6　解剖调匝环

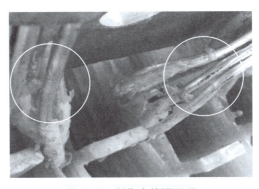

图 4-7　制作中的调匝环

电抗器正常运行时，其设备端电压为 20.2kV，单台电抗器平均有 300 匝线圈数，其单根导线间承受的电压为 70~80V，远远小于出厂时理论耐受值 5kV，电抗器不存在设计缺陷。但是当导线表面存在毛刺、绝缘损坏、受潮等不良情况时，导线匝间绝缘性能降低，严重时会导致击穿。通过现场检查发现，该电抗器调匝环与线圈连接处的导线非常不规则，有明显的毛刺、切口等，为制过程中老虎钳等夹钳工具造成。通过电场计算得知，该为明显的绝缘薄弱点，与故障处实际发现一致。

另外，在现场检查时发现条匝环内部铝线之间绝缘薄弱，其条匝环内部铝线之间绝缘仅只有 3 层聚酯薄膜绝缘，与线圈铝线间绝缘标准规定相比少一层环氧树脂，存在大量空腔。对调匝环外部进一步检查，发现该整体是通过捆扎玻璃丝并涂常温固化树脂 593 进行绝缘，这种材料玻璃化转变温度仅为 60 ℃（电抗器正常运行时其表面温度为 70~80 ℃），极易导致潮气进入使导线内部绝缘层绝缘性能下降。

4.1.1.3 结论

通过故障现场与电抗器返厂解体情况分析，此次故障原因为该设备质量不合格，具体表现为调匝环制作过程中，因其工艺制造不良造成调匝环表面存有毛刺、切口等；另外在该设备生产中使用的常温固化树脂 593 玻璃丝转变温度较低，使得在电抗器正常运行时导致其迅速老化裂，易进入潮气致使导线聚酯薄膜绝缘性能明显下降，匝间击穿。具体建议为：

（1）严格遵守质量管理规范和工艺流程。具体为在调匝环制作过程中严格按照标准生产，并进一步加强绝缘包覆，同时对其内部铝线间填充满树脂泥，外部用耐高温的 5060 树脂代替常温固化树脂 593 进行固化。

（2）加强在运干式空心电抗器运行维护。在设备停电检修时，重点检查电抗器表面、调匝环绝缘涂层是否有无龟裂脱落、变色，同时着重观察电抗器包封表面憎水性能是否劣化。

4.1.2 某 66kV 干式空心电抗器接地及基础发热故障分析

4.1.2.1 故障简介

某 750 kV 变电站装有 66 kV 干式并联电抗器，在电抗器组投入运行后，运维人员在巡检过程中，发现 11 号电抗器 C 相接地引下线附近有明显白雾（见图 4-8）。经现场初步诊断分析，确定接地引线镀锌扁铁在干扰周围强漏磁环境下出现涡流，引起发热，将非导磁扁紫铜排更换为镀锌扁铁，接地发热消失但是出现干扰基础异常发热现象，对该设备进行停运措施。过两个月后再进行测温，检测显示干扰基础发热仍存在（见图4-9）。

图4-8 电抗器基础冒白雾现象

图4-9 电抗基础异常发热红外图谱

4.1.2.2 故障原因分析

（1）发热源的确定。通过红外热像仪进行第一次精确测温。环境温度为30 ℃，相对湿度为20%，测量距离为5 m，辐射率为0.9，风速为0.8 m/s。测温结果显示，各相混凝土基础均有明显发热现象。其中C相温度最高，达到了 96.2 ℃，A、B 相分别为 70 ℃、60 ℃。11 号电抗器 C 相混凝土基础发热见图 4-10。

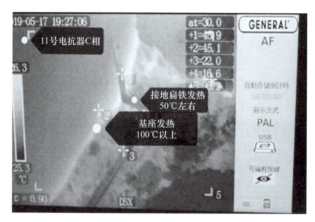

图 4-10　11 号电抗器 C 相混凝土基础发热图

由图 4-10 红外图谱可知，接地铜排温度正常；发热部位集中在干扰基础处，并且混凝土基础较土壤温度高。电抗器的基础发热持续存在的话，会导致混凝土快速劣化，并伴随接地网腐蚀的化学反应，进而造成设备基础不牢固，使得接地网导通性能下降。

为尽快确定发热源的位置，运维人员对该干式电抗器进行停运，并组织专业人员开挖干式电抗器周围土层，直至露出干式电抗器混凝土基础根部的筏板表面及干式电抗器外围土层下方的筏板边界。在停运一个月后，对其基础及筏板边界处进行第 2 次红外热像仪测温，测温结果显示测温部位均有明显发热现象。同时发现 A 相干式电抗器基础的西侧根部靠近 A、B、C 三相地网交汇处温度最高，达 89.1 ℃，干式电抗器外围则为开挖出的南侧筏板边界处温度最高，达 77.2 ℃，干式电抗器其余各处温度相对较低。第 2 次测温结果见图 4-11 和图 4-12。

由第 2 次红外测温图谱可知，扁铜材质的接地系统温度正常；明显发热的部位位于电抗器混凝土基础根部，而且越靠近底部筏板温度越高；电抗器筏板边界处，筏板的温度高于本地的土壤温度。

在 11 号电抗器停运 2 个月之后，又对其进行了第 3 次红外测温，测温结果显示仍是干扰基础持续发热，较前两次测温显示，A 相干扰基础的西侧根部温度与南侧筏板边界处温度随时间呈下降趋势。

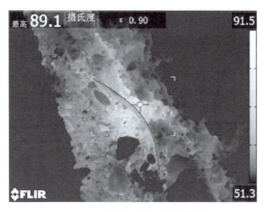

图 4-11　电抗器基础红外热像图

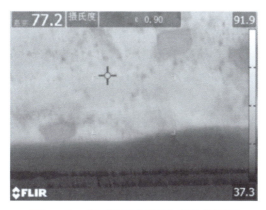

图 4-12　南侧筏板边界处红外热像图谱

结合 3 次红外测温及结合现场实际检查，判断 11 号电抗器基础的发热源为干扰底部筏板。

（2）发热原因分析。11 号电抗器接地引下线镀锌扁铁发热分析原因可能为：镀铁锌扁成环，使得在交流磁场中引起环流出现发热；镀锌扁铁为导磁材料，在干抗漏磁场中产生涡流，引起发热。为证明该猜想做如下试验进行验证。

1）环流致热验证。使用钳形电流表测试接地引下线扁铁处电流，若存在较大电流，且各相发热程度与电流值正相关，则可判断为环流致热；将两个"半圆形"扁铁更换为一个 C 形扁铁，断开其中一条引下线。利用红外热像仪测温或使用钳表测电流，若发热消失或测试无电流，则表明 11 号电抗器接地扁铁发热为环流引起。

2）涡流致热验证。在发热扁铁附近悬挂同样材质扁铁，红外测温长时间监测悬挂扁铁是否发热。如发热，则可判断为涡流致热；更换镀锌扁铁为非导磁的扁紫铜，红外测温长时间监测扁紫铜未明显发热，则表明扁铁为涡流致热。

检修人员将 11 号电抗器围栏内外的接地引下线扁铁及与引下线连接的主网扁铁全部更换为高纯度 −50×4 扁紫铜排。电抗器转投运后进行温度监测，测温结果显示，接地主网及引下线扁紫铜排温度均已降低至正常温度（51 ℃左右）。红外测温结果见图 4–13。

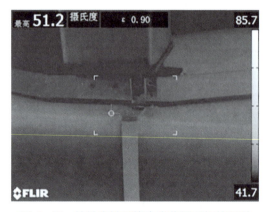

图 4–13　接地扁铁更换为扁紫铜后红外图谱

经上述实验可得 11 号电抗器接地引下线镀锌扁铁发热原因为：导磁性镀锌扁铁在电抗器交变磁场中产生了涡流，引起发热。

（3）混凝土基础发热分析。经红外热像检测已经确认该干抗基础发热源为底部的混凝阀板。该阀板由钢筋网架浇筑水泥制成，其厚度为 500 mm，内部钢筋间距 150 mm。钢筋交叉连接处使用绝缘护套并进行绝缘绑扎处理，预埋件及阀板钢筋均按照图纸要求未与地网连接，具体结构见图 4–14。

通过理论分析可知，阀板内部钢筋彼此绝缘且未与地网连接，无闭合金属环路，没有产生环流引起发热的可能性。对于该现象出现的猜测是：在施工现场因振动混凝土，致使阀门内部出现局部绝缘绑扎的松动或脱落，导致筏板内部钢筋成环。倘若电抗器周围漏磁超出正常范围，易出现环流引起发热。

为验证该猜想，检修人员分别将电抗器筏板上下区域开孔，在漏出内部钢筋后进行绝缘测试（见图 4–15），测量该出处的接地电阻为 35.3 Ω、25.4 Ω。

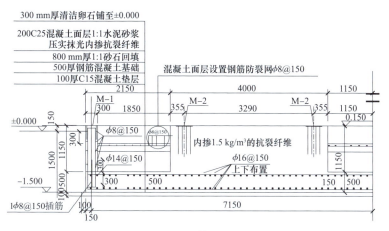

图 4-14　筏板结构

图 4-15　筏板钢筋导通性测试

测试结果表明，该筏板钢筋存在导通现象，内部存在金属环。因此，可以得出因施工导致阀板钢筋绝缘性能受损，彼此联通形成金属环，在干抗漏磁环境下产生环流，引起阀板发热，热量由金属预埋件及混凝土向上传导，造成干抗基础发热。

（4）阀板发热仿真验证。为验证上述结论，依据干式电抗器本体、接地系统及阀板结构参数，在 ANSYS 软件中建立仿真模型，并在干式电抗器底部中心设置三类钢筋结构，分别模拟阀板内部钢筋网无金属环路、形成小型环路、形成大型环路三种情况，同时在 ANSYS 软件对阀板所在位置的磁感应强度进行仿真（见图 4-16）。

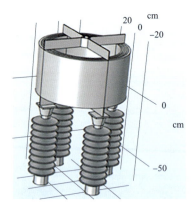

图 4-16　干式电抗器仿真模型

对仿真结果分析可知，干抗漏磁主要集中于本体正下方位置处。同时，对干式电抗器阀板内部钢筋在三种情况下环流及温度场进行仿真计算，得到阀板内部钢筋温升为：①不形成金属环路时，预埋钢筋温升很低，只有约 2 K；②形成小金属环路时，温升在 20 K 左右；③形成大金属环路时，温升大幅增加，高达 100 K。

对上述仿真结果分析可知，干式电抗器正下方阀板位置处磁场强度较集中，同时基础发热程度与阀板内部钢筋形成金属环路的程度有关，金属环路数量越多，环路越大，则阀板温升越高。该仿真结果验证了基础发热原因分析所得出的结论。

4.1.2.3　结论

（1）铁磁材料在强磁场中产生环流引起发热，致使接地引下线扁铁发热。解决措施为，将镀锌扁铁更换为紫铜排后，发热现象消失。

（2）因施工过程未严格执行工艺规范，造成绑扎钢筋的绝缘护套出现绝缘受损情况，使得筏板钢筋彼此联通，形成了金属环路，并在干抗下方强漏磁环境中产生环流，同时环流的热效应进一步加剧钢筋网络绝缘受损，使得筏板温度持续升高，并对上层土壤及支柱基座等持续加热，造成电抗器基础出现异常发热现象。解决措施为，电抗器底部基础内钢筋应断环，破坏金属环路，避免发热。

在夏季，干式电抗器因所处地面平均温度高，并且筏板上层土层的保温箱能良好，筏板散热困难，这是造成干式电抗器停运后基础持续发热的原因。解决措施为，在干式电抗器特定位置添置散热通风装置。

4.2　干式空心限流电抗器故障案例分析

4.2.1　某换流站极Ⅱ户内直流场平波电抗器故障

4.2.1.1　故障简介

（1）故障描述。2017 年 12 月 5 日 10 时 39 分，某换流站运维人员巡检中听到极Ⅱ户内直流场平波电抗器发出短暂放电声音，观察发现电抗器本体外表面中间位置存在瞬时"树枝状"放电现象，随后申请设备紧急停运，利用备品对该平波电抗器进行更换，恢复系统运行，并将故障电抗器返厂进行检查处理。

（2）故障设备信息。该换流站极Ⅱ户内直流场平波电抗器型号为 PKK-660-3030-75G，额定电感为 75mH，电阻值为 0.0201Ω，设备总重 69.2t，2011 年 2 月 28 日投入运行。

（3）故障前运行情况。该换流站 750kV、330kV 为 3/2 接线，66kV 为单母线接线，1 号、2 号主变压器并列运行，直流双极大地回线方式，外送功率 4000MW。天气晴朗，环境温度为 2℃。

4.2.1.2　故障原因分析

（1）现场检查及试验分析。

1）带电检测情况。2017 年 12 月 5 日 10 时 39 分，该换流站运维人员巡检听到极Ⅱ户内直流场平波电抗器（0621PB）发出异常声响（类似发令枪声），怀疑为瞬时放电，为进一步确认声源及设备运行工况，换流站立即安排人员蹲守跟踪观测。13 时 40 分，通过放电声音初步判断放电点大概位于电抗器本体西北侧中部位置，采用红外测温、定点摄像以及紫外检测等手段持续观察。15 时 11 分，手机摄像捕捉到"树枝状"放电影像，确认放电位置和放电现象，16 时 15 分，再次观测到放电现象，两次放电发生在同一区域，放电路径不同，如图 4-17 所示。对应紫外成像检测结果如图 4-18 所示。对该故障电抗器开展不间断红外测温，最高温度为 59.7℃，未见明显异常。红外测温图谱如图 4-19 所示。

(a)   (b)

图 4-17　蹲守拍摄故障平波电抗器放电位置

（a）第一次拍摄图谱；（b）第二次拍摄图谱

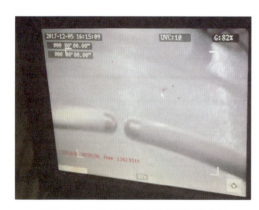
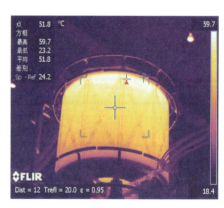

图 4-18　故障电抗器紫外检测图谱　　　　图 4-19　故障电抗器红外测温图谱

　　2）停电检查。现场确认极Ⅱ户内直流场平波电抗器存在放电情况后向国调申请极Ⅱ停运，停电后对该电抗器本体进行外观检查，在放电位置及附近未发现任何碳化沟道及放电点，但检查发现电抗器表面气泡较多，且放电区域外表面存在裂纹，如图 4-20 和 4-21 所示。对备用平波电抗器外观进行检查，其表面相对光滑，且无气泡，如图 4-22 所示。

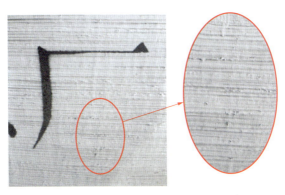

图 4-20 故障电抗器表面气泡、坑洼情况

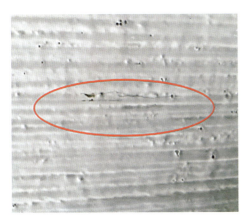

图 4-21 故障电抗器放电区域表面裂纹

图 4-22 备用电抗器表面情况

3）试验情况。鉴于现场检查极Ⅱ户内直流场平波电抗器未发现明显放电痕迹，无法排除电抗器内部存在故障可能性，继续运行风险较大，因此利用备用平波电抗器对极Ⅱ户内直流场平波电抗器进行更换，24h 后恢复送电。对故障平波电抗器进行直流电阻和电感量测试，并与备用平波电抗器进行对比，结果未见异常，如表 4-2 所示。经与厂家沟通，为分析故障平波电抗器放电原因，确认将该电抗器进行返厂检查处理。

表 4-2　　　　　　　　　平波电抗器直流电阻、电感量测试值

电抗器参数	故障平波电抗器	备用平波电抗器
出厂序号	233534	233501
直流电阻测量值（mΩ）	14.98（环境温度 8.9℃）	14.50（环境温度 −2℃）

电抗器参数	故障平波电抗器	备用平波电抗器
直流电阻折算值（mΩ）	19.54（折算至 80℃）	19.83（折算至 80℃）
出厂直流电阻值（mΩ）	19.53（折算至 80℃）	19.72（折算至 80℃）
直流电阻测量偏差	0.01%	0.56%
50Hz 电感测量值（mH）	72.306	72.333
50Hz 电感出厂值（mH）	72.303	72.796
50Hz 电感量偏差	0.01%	−0.64%

（2）返厂试验检查情况。故障平波电抗器于 12 月 14 日到厂，随即组织开展外观检查、试验检查及解体检查等工作，具体情况如下。

1）外观检查。电抗器本体表面粗糙、气泡比较多，层间存在玻璃纤维絮，如图 4-23 和图 4-24 所示。厂内待出厂电抗器外表面光滑、无气泡，如图 4-25 所示。

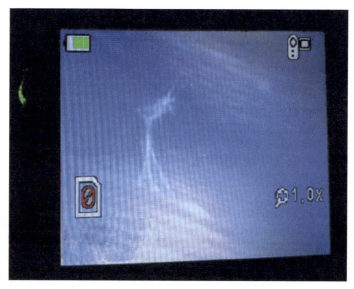

图 4-23　故障平波电抗器层间风道内玻璃纤维絮（内窥镜查看）

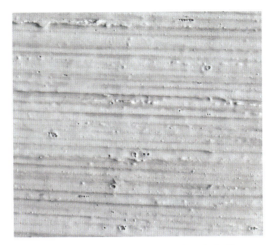

图 4-24　故障平波电抗器表面气泡坑

图 4-25　厂内待出厂电抗器本体表面

2）厂内试验情况。经与厂家协商，确认试验项目并开展试验。其中例行试验、温升试验、端对端雷电冲击试验均未发现异常（详细试验数据见附件1）。在进行第一次100%试验电压（871kV）下的中频振荡电容放电试验时，当电压升至733kV左右时，电抗器发出异响并伴有烟雾产生。检查发现异响和烟雾区域通风道内存在铝箔纸。第一处铝箔纸位于第17包封层和第18包封层间（见图4-26）、2号吊臂和3号吊臂间（以下出线臂为1号吊臂，逆时针方向依次为2号、3号……10号吊臂），距电抗器下端约300mm。第二处铝箔纸位于第9包封层和第10包封层间（见图4-27），3号吊臂和4号吊臂间，距电抗器下端约1000mm。

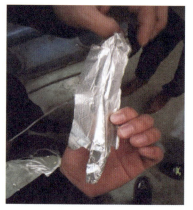

图 4-26　第 17 包封层和第 18 包封层间铝箔纸正反面图（第一处）

图 4-27　第 9 包封层和第 10 包封层间异响和烟雾区域通风道内铝箔纸（第二处）

同时发现在第 17 包封层和第 18 包封层间、6 号吊臂和 7 号吊臂间通风道内存在泡沫海绵，距电抗器上端约 800mm，如图 4-28 所示。

图 4-28　6 号吊臂和 7 号吊臂间通风道内类似泡沫海绵物质

发出异响并产生烟雾区域与现场运行放电区域不一致，如图4-29所示。中频振荡电容放电试验发生异响后，暂停高压试验，只进行参数测试。试验结果表明，冲击前后的直流电流、交流电阻、品质因数以及电感均无较大偏差。

图4-29　厂内中频电容放电试验放电区域与现场运行放电区域对比

3）平波电抗器表面直流泄漏电流测量情况。为查找运行中电抗器放电点具体位置，对平波电抗器现场运行放电区域划分260个区域（13行、20列）进行表面直流泄漏电流测试，如图4-30和图4-31所示。

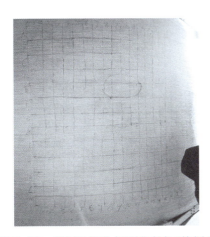

图4-30　现场运行放电区域试验网格划分　　图4-31　试验现场图

测试过程中平波电抗器下端接地、上端不接地。直流电压发生器输出的直流电压通过与电抗器表面接触良好的导体施加在电抗器表面，直流电压分别选择5kV和30kV。其中5kV直流电压下未发现泄漏电流异常情况。在30kV直流电压下发现三处泄漏电流过大区域，分别在E11、H11、H4区域，如图4-32所示。

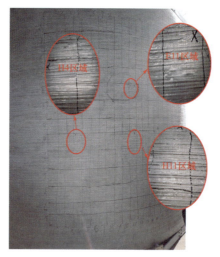

图 4-32　泄漏电流较大区域裂纹图

（3）解体分析。2018 年 1 月 10 日，经与厂家协商并制定详细解剖方案。由厂家专业人员进行解剖。首先使用切割机将现场运行放电区域切下，然后对 E11、H11、H4 区域裂纹进行品红浸透，最后用钢钎剥离 E11、H11、H4 区域外包封层，检查包封层内裂纹、放电痕迹情况，各区域检查结果如图 4-33～图 4-35 所示。

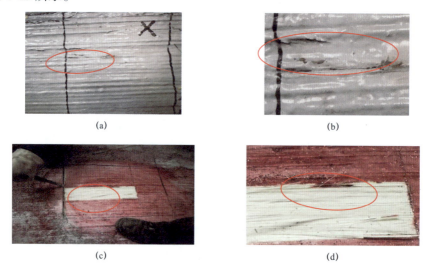

(a)　　　　　　　　　　　　　　　　　(b)

(c)　　　　　　　　　　　　　　　　　(d)

图 4-33　E11 区域解体检查情况（一）

（a）E11 区域左上角存在裂纹；（b）E11 区域裂纹局部放大图；
（c）环氧玻璃纱裂纹痕迹；（d）环氧玻璃纱裂纹痕迹局部放大

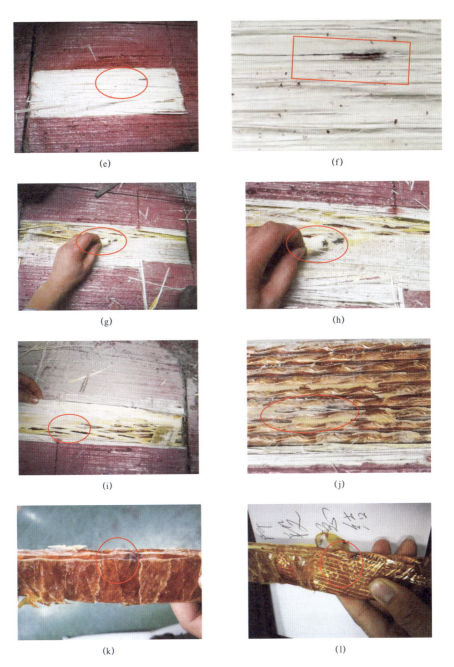

图 4-33　E11 区域解体检查情况（二）

（e）环氧玻璃纱裂纹痕迹；（f）环氧玻璃纱裂纹痕迹局部放大；（g）无纺布烧蚀痕迹；
（h）无纺布烧蚀痕迹放大；（i）无纺布紧挨导线层放电痕迹；（j）导线绝缘薄膜烧蚀痕迹；
（k）导线绝缘薄膜烧蚀痕迹；（l）导线绝缘薄膜烧蚀痕迹

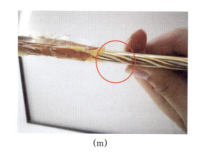
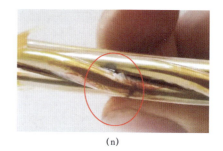

(m) (n)

图 4-33 E11 区域解体检查情况（三）

（m）单根导线绝缘薄膜放电烧蚀裂纹；（n）单根导线绝缘薄膜放电烧蚀裂纹放大图

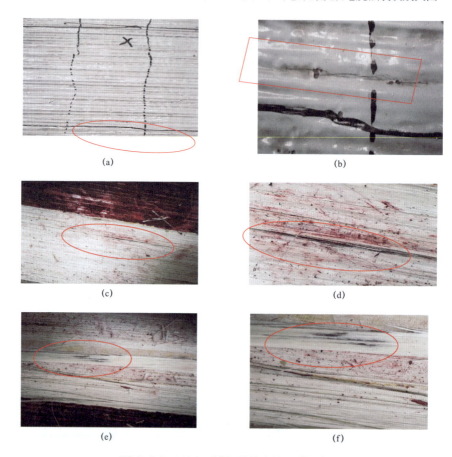

(a) (b)

(c) (d)

(e) (f)

图 4-34 H11 区域解体检查情况（一）

（a）H11 区域右下角存在裂纹；（b）H11 区域裂纹局部放大图；

（c）环氧玻璃纱裂纹痕迹；（d）环氧玻璃纱裂纹痕迹局部放大；

（e）环氧玻璃纱紧挨无纺布放电痕迹；（f）环氧玻璃纱紧挨无纺布放电痕迹放大

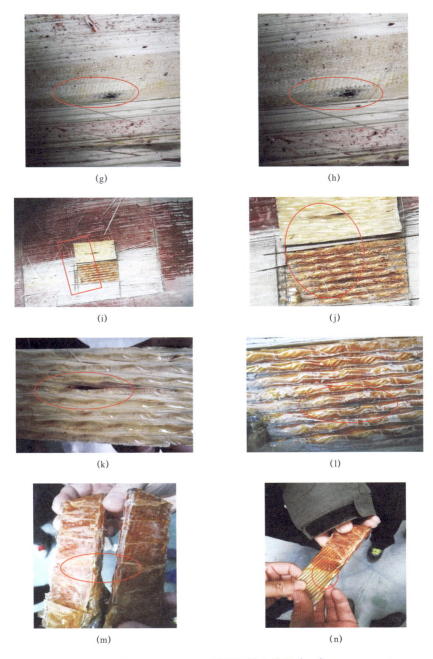

图 4-34　H11 区域解体检查情况（二）

（g）无纺布烧蚀痕迹；（h）无纺布烧蚀痕迹放大；（i）无纺布紧挨导线层放电痕迹；

（j）无纺布紧挨导线层放电痕迹局部放大；（k）无纺布紧挨导线侧层放电痕迹；

（l）导线绝缘薄膜烧蚀痕迹；（m）导线绝缘薄膜烧蚀痕迹；（n）导线绝缘薄膜烧蚀痕迹

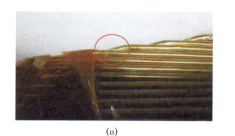
(o)

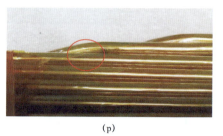
(p)

图 4-34　H11 区域解体检查情况（三）

（o）单根导线绝缘薄膜放电烧蚀小孔；（p）单根导线绝缘薄膜放电烧蚀孔局部放大

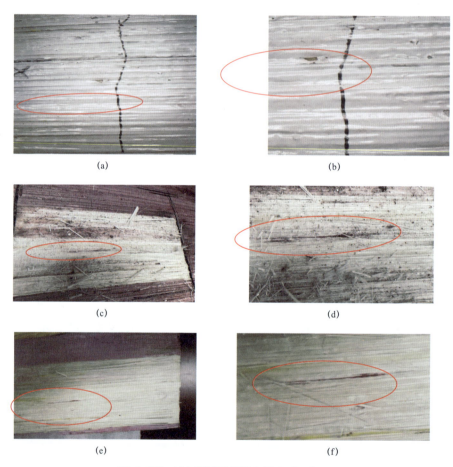
(a)　　　　　　　　　　　　　　　(b)

(c)　　　　　　　　　　　　　　　(d)

(e)　　　　　　　　　　　　　　　(f)

图 4-35　H4 区域解体检查情况（一）

（a）H4 区域右上角存在裂纹；（b）H4 区域裂纹局部放大图；

（c）环氧玻璃纱裂纹痕迹；（d）环氧玻璃纱裂纹痕迹局部放大；

（e）环氧玻璃纱裂纹痕迹；（f）环氧玻璃纱裂纹痕迹局部放大

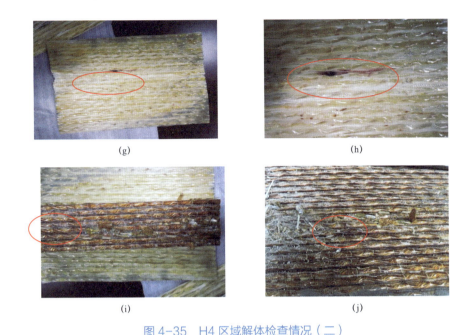

(g)   (h)

(i)   (j)

图 4-35 H4 区域解体检查情况（二）

（g）无纺布紧挨导线侧层放电及裂纹痕迹；（h）无纺布紧挨导线侧裂纹放电痕迹放大图；
（i）导线绝缘薄膜烧蚀痕迹；（j）导线绝缘薄膜烧蚀痕迹

对平波电抗器最外包封层（第 20 包封层）E11、H11、H4 区域检查发现，三处区域表面绝缘漆开裂；环氧玻璃纱包封层均存在裂纹以及烧蚀痕迹；无纺布紧挨导线侧出现放电烧蚀痕迹；导线匝间绝缘薄膜出现烧伤痕迹；单根导线绝缘薄膜有烧蚀痕迹。

为查找厂内中频振荡电容放电试验过程中出现异响和烟雾的原因，由外向内逐步对第 19-9 包封层进行解体检查。其中第 19-11 包封层外表面均存在多处絮状玻璃纱、环氧树脂层表面存在多处裂纹，且裂纹均已深入导线层、导线层与环氧树脂层间存在气隙，但并未发现放电痕迹，检查情况如图 4-36 所示（以第 13 包封层为例）。

第 10 包封层内侧环氧树脂层发现 8 处烧蚀痕迹，均位于铝箔碎片所在通风道两侧对应通风条与包封层接触面。烧蚀痕迹下环氧树脂层未发现放电击穿裂纹，导线层也未发现放电击穿痕迹，具体情况见图 4-37。第 1、2、8 处烧蚀痕迹位于同一通风条下，第 3、4、5、6、7、8 处烧蚀痕迹基本位于同一水平位置。第 2 处烧蚀痕迹距离铝箔纸较近。铝箔纸所在通风道内的通风撑条已经烧伤并出现裂纹。该通风条覆盖第 1、2、8 处烧蚀痕迹。

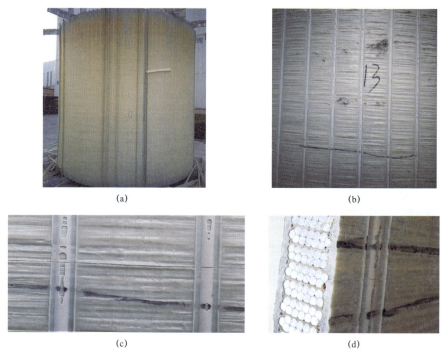

(a)　　　　　　　　　　(b)

(c)　　　　　　　　　　(d)

图 4-36　13 包封层区域解体检查情况

（a）第 13 包封层整体图；（b）第 13 包封层其中一处絮状玻璃纱；

（c）第 13 包封层其中一处裂纹（局部放大图）；（d）导线与环氧树脂层间存在气隙

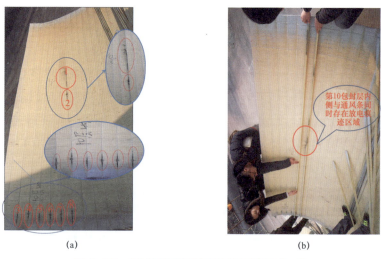

(a)　　　　　　　　　　(b)

图 4-37　10 包封层区域解体检查情况（一）

（a）第 10 包封层内侧存在 8 处烧蚀痕迹；

（b）第 10 包封层内侧与通风条同时存在 2 处明显烧蚀痕迹

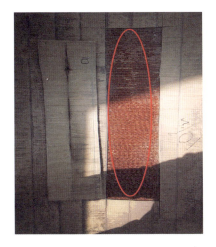

(c)

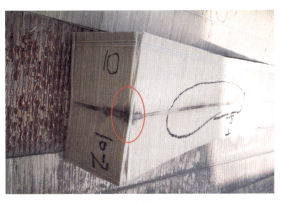

(d)

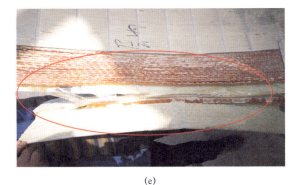

(e)

图 4-37 10 包封层区域解体检查情况（二）

（c）第 10 包封层第 1、第 2 处放电痕迹处剖开未发现导线烧伤击穿痕迹；

（d）第 10 包封层内侧第 2 处环氧树脂层未发现放电击穿痕迹；

（e）第 10 包封层内侧最下部 6 处放电痕迹剖开未发现放电痕迹

第9层外侧包封层存在4处烧蚀痕迹，见图4-38。第1、4处烧蚀痕迹包封层表面有水平方向裂纹，2、3处烧蚀痕迹包封层表面无裂缝。第9层第2、3、4处烧蚀痕迹与第10层第1、2、8处烧蚀痕迹分别位于同一通风条的内外两侧，但水平位置上无重复，第9层第4处烧蚀痕迹与第10层第1处烧蚀痕迹相邻。

(a)

(b)

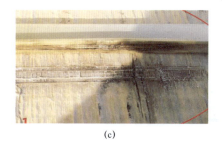

(c)   (d)

图 4-38　第 9 层外侧包封 4 处烧蚀痕迹对应关系及表面情况（一）

（a）第 9 包封层 4 处炭黑放电痕迹以及对应的铝箔位置；

（b）第 9 层第 2、3、4 处烧蚀痕迹与第 10 层第 1、2、8 处烧蚀痕迹位置关系；

（c）第 9 包封层第 1 处烧蚀痕迹以及裂纹；（d）第 9 包封层第 2 处烧蚀痕迹

（e）　　　　　　　　　　　　　　　　　（f）

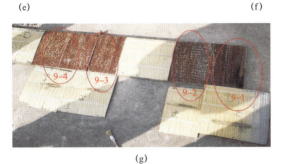

（g）

图 4-38　第 9 层外侧包封 4 处烧蚀痕迹对应关系及表面情况（二）

（e）第 9 包封层第 3 处烧蚀痕迹；（f）第 9 包封层第 4 处烧蚀痕迹以及裂纹；

（g）第 9 层第 1～4 处烧蚀痕迹

对第 9 层第 1～4 处烧蚀痕迹对应包封层及导线外层绝缘薄膜进行解剖检查。第 1 处烧蚀痕迹处环氧树脂层已经烧穿、第 2 处和第 3 处烧蚀痕迹解剖未发现烧穿环氧树脂层、导线绝缘薄膜未出现放电烧伤痕迹，第 4 处烧蚀痕迹处环氧树脂层已烧穿，导线表面绝缘薄膜无放电烧伤痕迹。

对第 1 处和第 4 处烧蚀痕迹对应导线表面绝缘膜进行解体检查。第 1 处烧蚀痕迹处对应第 1 股导线绝缘薄膜已烧穿，导线已烧损，除第 1 股导线绝缘薄膜烧穿外，紧挨上段的 12 股导线外表面绝缘薄膜已烧黑。第 4 处烧蚀痕迹处导线表面绝缘薄膜未见损伤。图 4-39 为第 9 包封层第 1、4 处烧蚀痕迹处导线解体检查情况。

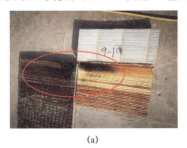
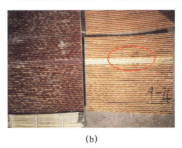

（a）　　　　　　　　　　　　　　　　　（b）

图 4-39　第 9 包封层第 1、4 处烧蚀痕迹处导线解体检查情况（一）

（a）第 1 处烧蚀痕迹包封层内侧；（b）第 4 处烧蚀痕迹包封层内侧

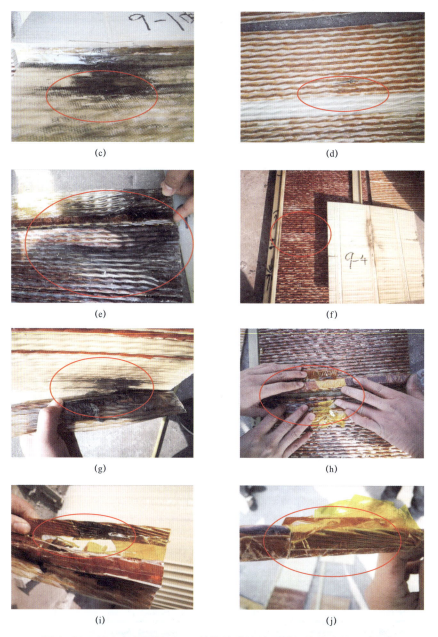

(c)   (d)

图 4-39　第 9 包封层第 1、4 处烧蚀痕迹处导线解体检查情况（二）

（c）第 1 处环氧树脂层已烧穿；（d）第 4 处环氧树脂层已烧穿；

（e）第 1 处 13 股导线最外层绝缘薄膜已烧黑；（f）第 4 处导线绝缘薄膜未发现放电烧伤痕迹；

（g）第 1 处导线匝间绝缘已烧穿；（h）第 4 处导线匝间绝缘薄膜未发现击穿痕迹；

（i）第 1 处导线股间绝缘已烧穿；（j）第 4 处导线股间绝缘未烧穿

（4）综合分析。

1）故障平波电抗器运行中的"树枝状"放电现象与返厂中频振荡电容放电试验过程中的放电异响是两个独立事件，两者无相关性。

2）故障平波电抗器运行中产生"树枝状"放电的原因为：在长期高负荷运行状态下，由于电抗器外表面绝缘漆及环氧玻璃纤维包封层老化开裂形成缝隙，灰尘中的带电粒子积聚造成局部电场畸变，产生长时间低能量放电，逐步将包封层内无纺布及导线表面绝缘薄膜击穿，在高次谐波电压作用下，最终导致在外包封层产生沿面放电。

3）中频振荡电容放电试验过程中可能造成异常的原因为：①在中频振荡试验前的雷电冲击下，平波电抗器第9～10通风条或包封间存在放电现象，内层通风条有碳化痕迹；②第9～10包封层11处炭黑痕迹为表面碳化，表面碳化原因为通风撑条粘贴不紧密，通风撑条与环氧树脂层间存在气隙，在高电压下局部电场畸变，放电沿通风撑条爬电所致；③中频振荡电容放电试验电压为出厂试验值871kV，未充分考虑运行7年后的电气设备绝缘性能下降，导致试验过程中第9包封层最上层股间导线绝缘击穿（对应现场检查第1处放电痕迹）；④内层通风条爬电碳化，应与建设施工阶段遗留的铝箔无关；中频振荡试验过程中的录像未发现弧光，间接证明放电故障不是由铝箔纸引起。

4.2.1.3 结论与建议

（1）结论。在长期高负荷运行状态下，由于电抗器外表面绝缘漆及环氧玻璃纤维包封层老化开裂形成缝隙，灰尘中的带电粒子积聚造成局部电场畸变，产生长时间低能量放电，逐步将包封层内无纺布及导线表面绝缘薄膜击穿，在高次谐波电压作用下，最终导致在外包封层产生沿面放电。

（2）建议。

1）由制造厂进一步分析中频振荡试验过程中平波电抗器通风条或包封间放电现象以及内层通风条碳化痕迹出现的原因。

2）按照特高压产品新工艺要求，由制造厂组织生产该换流站同型号参数平波电抗器一台。

3）电力公司根据新电抗器生产进度，合理安排停电检修，用新生产平波电抗器替换运行的平波电抗器，对替换下的平波电抗器继续开展相关测试及状态评估。根据制造厂进一步分析研究结果，制定维修策略，必要时返厂进行技术改造处理。

4）对运行中平波电抗器，应利用停电检修机会喷涂 PRTV 增强其绝缘性能及耐污性能，预防电抗器表面开裂，同时对包封层间是否存在异物进行检查清理，户外设备应采取可靠措施防止异物进入。

5）对新生产的电抗器，各单位应要求生产厂家每层线圈的内外包封层均铺设网格布，电抗器最外层应增加不带导线的包封层，电抗器表面及所有通风道内应喷涂 PRTV。

4.2.2　某 10kV 干式空心串联电抗器故障分析

4.2.2.1　故障简介

某 220kV 变电站在投入 2 号并联电容器组 10min 后，运行人员发现该电容组中的串联电抗器起火并伴有浓烟，随后立即切掉电源，同时将 2 号并联电容器组退出运行状态。经对现场外观检查发现，该电抗器组中 B 相电抗器第 1、2、3 层的包封的部分（上半部分）已经烧损，尤其是第一层包封烧损最为严重，而且起火点处存有明显的鼓包现象。

4.2.2.2　故障原因分析

（1）电抗器历史运行情况。通过对电抗器初始资料进行查阅得知，该设备型号为 CK–GKL–150/10–6，线圈材质为铝，额定容量为 150 kvar，电抗率为 6%，额定电感为 3.082 mH，额定电流为 393.6 A，三相叠装，出厂日期为 2005 年 6 月，该设备于 2006 年 5 月投入运行。该站已经连续发生了 2 起同一批次型号的 10 kV 干式空心串联电抗器烧损事故，并且 2 起事故存有诸多的共同点：故障时间均发生在设备投入不久、故障发生点均为电抗器内部 1～3 层包封的上部分、故障点均有明显的鼓包现象。

（2）过电流、过电压分析。该电抗器额定电流为 393.6 A，2 次故障发生时的电流为 432.66 A 和 416.72 A。因串联电抗器允许过电流的倍数为 1.35，可知实际电抗器允许运行的电流值为 531.36 A，由此可得 2 次故障的电流实际值均在正常范围之内。在串联电抗器正常运行时电压较低，电压值为运行电压的 6%，通过查阅运行电压记录数据可知，发生 2 次故障时的电压均在正常范围之内，不存有过电压的问题，可以排除电击穿的可能。

（3）谐波分析。电抗器中电抗率的一般选择为 6% 或 12%，对于 6% 电抗率的电抗器，从理论上分析，3 次谐波是零序分量，为避免谐波的影响，通常措施为将变压器低压侧三角绕组接地线封闭。鉴于此，在设计中通常采用 6%

的电抗率来抑制五次及以上谐波分量对电容器的影响。在变电站中，因大量的非线性负荷设备的投运，高次谐波对电网的稳定运行越来越重要，变电站 10 kV 母线侧频繁出现了多次 3 次谐波污染的事故，如果系统中 3 次谐波含量超标，就要选用 12% 的电抗率，因此，需要对该变电站 10kV 母线进行谐波测试，以判断电抗率选取的正确性。

在该变电站 10 kV 两段母线分别接 4 台并联电容器组，没有带其他负荷，故障段母线谐波测试的结果见表 4-3。

表 4-3   10 kV 故障母线谐波测试表

谐波次数	2	3	5	7	9	11	13	15	THD
实测值	0.160%	1.978%	0.166%	0.280%	0.150%	0.180%	0.170%	0.072%	2.023%
国标限值	1.6%	3.2%	3.2%	3.2%	3.2%	3.2%	3.2%	3.2%	3.2%
是否超标	否	否	否	否	否	否	否	否	否

从表 4-3 中可知，10 kV 故障段母线各次谐波电压均在国标限值内，不存在谐波污染的问题，因此电抗器选取 6% 的电抗率符合要求。

（4）合闸涌流分析。由电抗器运行情况可知，2 次故障都是在投入并联电容器组不久后发生的，因此需对设备进行合闸涌流进行计算。该变电站 10 kV 侧故障母线的短路容量 S_d 为 414.85 Mvar，故障段母线带有 4 组并联电容器组，总容量为 30 Mvar。第一次故障时，10 kV 故障段母线侧 3 号、4 号电容器组处于运行状态，追加投入 2 号电容器组。通过数值计算，电源影响系数 β 为 0.33，合闸涌流的倍数 I_{ym} 为 4.63，第二次故障时，10 kV 故障段母线侧 4 号电容器组处于运行状态，追加 1 号电容器组，同理计算，第二次故障的合闸涌流倍数为 4.41。因此，在合闸的瞬间，2 次的故障电流分别为 2003.2 A、1837.7 A。

因该变电站带有电铁、钢厂等大型负荷，无功功率变化较大，所以电容器组的投切非常频繁。查询记录数据可知，该电容器组平均每 2 天就要 1 次投切操作。

（5）电抗器、绝缘材料的分析。由表 4-4 计算出 2 次故障时铝导线的平均通流密度分别为 1.44 A/mm² 和 1.38 A/mm²，铝导线的通流密度偏大。铝导线在制造过程中易受到杂质的污染，致使铝导线的电阻率偏高，造成电抗器各线圈电流分布不均，易出现局部过热的缺陷。通过在变点站红外测温检测情况，证实了设备中该缺陷的存在。

表 4-4   电抗器的结构参数

包封	层数	并绕根数	铝导线线径（mm）	铝导线面积（mm²）
第 1 个	3	2	2.36	26.23
第 2 个	3	2	2.80	36.93
第 3 个	3	2	3.15	46.73
第 4 个	3	2	3.35	52.86
第 5 个	3	2	3.55	59.36
第 6 个	4	2	3.55	79.14

通过对该电抗器铝导线现场进行解剖分析可知，该铝导线采用的是聚酯薄膜缠绕绝缘，同时各包封之间采用玻璃丝固化绝缘，包封外表面喷有一层防紫外线和臭氧的油漆涂层。该电抗器采用的绝缘材料等级为 B 级，其绝缘耐热只有 130 ℃。依据 GB50150《输变电设备技术规范汇编：10～66 kV 干式电抗器技术标准》规定：串联电抗器绕组导线股间、匝间、包封的绝缘材料耐热等级应不低于 F 级（绝缘耐热 155 ℃）绝缘材料，以此可以判断该电抗器采用的绝缘材料不符合要求。电抗器绕组绝缘耐压等级 、温升见表 4-5。

表 4-5   电抗器绕组绝缘耐热等级、升温

绝缘材料等级	绝缘耐热（℃）	额定短时电流下平均温度（℃）	温升（K）
F 级	155	铜：350；铝：200	75
H 级	180	铜：350；铝：200	100
B 级	130		

通过以上 5 点分析得出该电抗器故障原因为：

1）该电抗器的工艺质量存有问题。具体为在铝导线制造过程中夹杂了杂质，致使包封铝导线电流分布不均，使得在电抗器运行过程中出现局部过热的缺陷，又因铝导线使用的绝缘材料耐热等级偏低，经过长期的热效应累计，出现局部热鼓包现象。在合闸电流的冲击下，在其薄弱点（鼓包处）引起匝间短路，进一步是电抗器绕组电流过大，最终形成贯穿放电，使得绝缘层加热至燃

点起火。

2）该电抗器组的频繁操作使其设备遭受合闸电流的频繁冲击，加快了绝缘介质的老化、劣化，也是此次故障的重要原因之一。

4.2.2.3 建议

（1）严把电抗器制造工艺流程与质量规范，同时选型时务必注意绝缘材料是否符合实际情况。

（2）加强对电抗器的运行检查工作。重点查看其设备表面是否有鼓包、龟裂等破损现象；积极使用红外测温技术监视其设备发热情况和发热部位。

（3）优化电网运行方式，避免并联电抗器组的频繁投切运行。

参考文献

[1] 沈宏伟，马仪，崔志刚，等 . 干式空心并联电抗器投入瞬态电动力研究 [J]. 哈尔滨理工大学学报，2014，19（06）：93-97.

[2] 甘源，白锐，张琪 . 基于场 - 路耦合的干式空心电抗器稳态电磁场及电动力分析 [J]. 电力系统保护与控制，2019，47（21）：144-149.

[3] 刘宏，梁基重，牛曙，等 . 匝间短路故障下干式空心电抗器电动力仿真研究 [J]. 电力电容器与无功补偿，2021，42（06）：61-68.

[4] 李爽 . 干式空心并联电抗器磁场与电动力研究 [D]. 哈尔滨：哈尔滨理工大学，2015.

[5] 杜青云 . 特高压干式平波电抗器磁场和电动力研究 [D]. 北京：华北电力大学，2017.

[6] 江伟，贾智海 . 基于有限元法对 35kV 干式空心并联电抗器磁场分布的研究 [J]. 电力与能源，2020，41（04）：421-424.

[7] 周光远，曹继丰，蓝磊，陈图腾，等 . ±800kV 干式平波电抗器周围电场三维仿真 [J]. 武汉大学学报（工学版），2014，47（06）：833-837.

[8] 刘华臣，常东旭，单涛，等 . 特高压换流站电抗器等主设备常见发热问题分析及优化措施研究 [J]. 变压器，2023，60（12）：40-44.

[9] 李星汉，李永建，张长庚，等 . 考虑谐波损耗特性的干式平波电抗器热效应模拟与验证 [J]. 高压电器，2021，57（09）：58-65.

[10] 张猛，王红斌，孙国华，等 . 基于等温等压法设计的大容量干式空心电抗器交、直流温升特性 [J]. 南方电网技术，2019，13（12）：74-78.

[11] 咸日常，鲁尧，陈蕾，等 . 干式空心串联电抗器匝间短路故障特征研究 [J]. 电力系统保护与控制，2021，49（18）：10-16.

[12] 汪洋 . 空心电抗器的电场分布与绝缘性能研究 [D]. 昆明：昆明理工大学，

2018.

[13] 刘虹.干式空心并联电抗器电压及电场分布特性研究 [D].哈尔滨：哈尔滨理工大学，2017.

[14] 陈莉娟.空心电抗器波过程计算及结果分析 [D].哈尔滨：哈尔滨理工大学，2020.

[15] 赵彦珍，马西奎.干式半心电抗器谐波分析与计算 [J].高电压技术，2003（09）：3–4.

[16] 汤浩，贾鹏飞，李金忠，等.特高压直流干式平波电抗器多谐波特征参量测试技术及应用 [J].高电压技术，2017，43（03）：859–865.

[17] 李心达.± 800kV UHVDC 滤波电抗器多物理场仿真研究 [D].吉林：东北电力大学，2021.

[18] 李文杰，李俊峰，杨建伟.干式空心电抗器缺陷诊断方法及应用研究 [J].电力设备管理，2020（09）：170–171.

[19] 李勇琴.35 kV 干式空芯并联电抗器运行分析及运维方法 [J].电工技术，2018（18）：39–40，53.